SHAPE YOUR LIFE

趁早

王潇 著

上海文艺出版社

Contents | 目 录

PART 1
感情篇

"恋爱是为了让我们成为更好的自己,否则何必呢?"

PART 2
事业篇

"先赢了再说。"

PART 3
生活篇

"给自己制订一个目标,然后实现它。"

PART 4
美容篇

"掌控身材的女人才能掌控命运。"

十周年纪念版（2019 年）
自序

追剧的人

看过这本书第一个版本《女人明白要趁早》的人，已经走过了十年的青春年华，我也是。

当我再翻看这本书，阅读里面的故事，恍若正在重温多年前追过的一部热剧——人物、对白和场景曾如此熟悉，剧情也曾如此牵动着那时的喜怒哀乐，可是突然间，已经过去十年了。

在这部剧里，我看到主人公们还皮肤紧致、眼神明亮，她们勇敢地大声对彼此说着自己的快乐、担忧和幻想，她们能在坐过山车般的一天中工作、打扮、恋爱、聚会、欢笑、哭泣，披星戴月却斗志昂扬。因为坚信有闪闪发光的未来，她们不知疲倦。

重温旧剧就会像这样，由于已经得知了后面的剧情，再回看时总会有小小的却具体的唏嘘：啊，不要难过，你在下一集就会遇见一个新的人了；唉，其实你和他还是会分开的，可是你们初见的时刻真美好啊；不要接受那份工作，那只会浪费你的生命呀，但也没有更好的，总是必经的路吧；哇，记住这一刻，这是个决定性瞬间，你人生的巨大转折；要警惕啊，那个人不是你的真朋友，在下一季，她会背叛你，她会伤透你的心，你怎么还看不出来呢；你应当珍惜和这个朋友的见面，因为她会在这集之后失去生命；如果，如果你没有做这个选择就好了，但是这就是人生，没有如果……

现在的我像一个观众，一集一集地回顾，剧透给自己。一本书二十五节，一集又一集，看年华如同流云，再不堪或者迷人的时刻，也都过去了。当初的我怎样也不会想到，那些巨大的失望，那些分离的人，那些刻骨铭心的记忆有一天会变得如此平静，如同没有波澜的湖面。当今日那些划着船的成年人纷纷赞叹这平静的湖面时，只有这本书帮我记得，曾经有过的暴风骤雨夜，在那些夜里，我们曾经年轻得像一片海。

感谢我自己替我和我的朋友们记取下这些故事，也感谢时间让我终究遗忘了这些故事。暴风有暴风的好，暴风过去，有过去的好。

然而时间继续向前，我知道，我此时又活在新一季的剧中，十年之后，我是旧剧的观众，也依然是新剧的主人公。我们在演自己的剧，也在追自己的剧，更升级为编剧和导演，和命运夺取书写的权利。一季又一季，剧情起起伏伏，演员来来去去，但为了让它足够精彩，编剧需要足够狂野的想象，导演需要决定让谁加入卡司，而演员需要足够漂亮且全情投入。

我们是追剧的人，我们永在期待，我们步履不停。

三周年纪念版（2013 年）
自序

总会过去，总会到来

当我再次仔细翻看这本《女人明白要趁早》，三年已经过去了。

那些故事和故事里的人已经熟悉又陌生。三年，足够让每一个人改变自己的外貌、气质和思想，成长为另外一个人。

我看见三年前的我，看见一个三十岁的、刚刚恍过神儿来的姑娘如何慢慢地叙述着二十四个故事，那份天真与耐性正像整个成长过程中无法逾越的愚钝——只有跌倒过才会知道的痛，只有撞过南墙才能明白的行不通。这其实是一本我和我们这一代姑娘的青春纪念册。

书中的每一个故事都并未结束，而是各自沿袭着独有的脉络延续着，在这三周年纪念版里，我简要地整理了书中主人公们的现状。当大家对比这些现状时，才会觉得那些年的纠结和伤怀是无谓却又必然的。一切总会过去，一切总会到来。

3

生活本身的精彩永远胜过书中的故事。以文字励志是苍白的，真正励志的，是每一个人实实在在的人生。

故事的主人公们都还在我身边，但是几乎每个人的人生都已经翻篇儿了，包括我自己的。我特别喜欢人生翻篇儿这类的事，诸如擦亮眼，痛定思痛，转身别过，门"哐当"一声在身后关上，双手深深地插入乱发后猛一抬头——然后大踏步地向未来走去。

对，大踏步地向未来走去，头也不回。

初版（2010年）
自序

本书的雏形是一篇语录体文字，叫作《写在三十岁到来这一天》。

三十岁生日那天，我嫌麻烦没像往年那样在夜店举办Party，到了晚上又觉得有点不甘和寥落，觉得怎么也要有所表示，于是挪到计算机前写了一篇经验教训总结。脑子里闪出一条写下一条，然后拼接整理成几个章节。写完以后发给几个闺蜜，是以为记。

几个月后，我开始陆陆续续收到许多来自陌生人的电子邮件。来信者基本是适龄女性，邮件内容均为有关工作、感情和外貌的种种迷惘，其中既表达了对"三十"一文的认同，又希望我能够对她们的困惑提供意见和建议。我于是搜索了《写在三十岁到来这一天》，才发现网络转帖数量已逾百万，吃了一惊。

仅仅几十条的语录体文字，不足以覆盖和解决更多的困惑。我开始在此基础上添枝加叶，回顾各种激发思考的事件始末，把前前后后的挣扎和纠结重新逼问出来，整理出二十四个故事。

故事中所有的情节与结论，都来自我和我身边姑娘们的真实生活。

从少女时代起，就有这样一批对自己有高标准、严要求的特有主意的姑娘，在自我塑造、职业道路和人生伴侣上，都早早就给自己勾画了美好的蓝图，且在成长过程中始终与自己暗暗较劲，矢志不渝地等待和追求着蓝图实现的那一天。

然后，这批姑娘陆续进入了社会大课堂，一直在寻找适合自己的岗位和男人，然后在与各个岗位和男人的周旋中，继续朝着自己的蓝图摸索前进。

若干年下来，姑娘们都多多少少栽了跟头，也尝过甜头，但是脚步始终没停下来过。在经历了难挨的失望和迷惘，经历了种种的思考与追问后，痛定思痛，终于开始理出头绪，安静下来重新审视周遭与自己。这时候，周围的一切像退去了雾气般渐渐明朗起来，生活终于在她们眼前露出了本来面目，姑娘们开始明白了。

这本书所分享和探讨的，就是那些难挨的失望和迷惘、种种的思考与追问。重点在于姑娘们痛定思痛后理出的头绪。

其实在数年走向明白的过程中，很多愿望的达成要仰仗闺蜜小团体的智慧，在无数个夜幕降临后，几个姑娘纷纷从各种岗位和男人那里离开，聚拢一处，汇报近况，交换心得，谈人生，谈理想，谈爱情。每每有成员伤心失意，其他成员决不采取常规而无效的表面安抚，也不走"我曾经更惨，我理解你"这类同是天涯沦落人的悲情路线，因为事实证明，这些方法没有用，问题完全没得到解决。解决必须是本质的，必须经过对问题的剖析和解构，必须形成对问题真相的认识，必须在认识之后有解决方案。

我们闺蜜小团体的交流方式包括：当头棒喝，冷静分析，无情追问，肆意嘲笑等。许多问题都是越追问，越清晰，当事人往往会在过程中猛然惊醒。多少犀利的语言机锋和一针见血的总结都是在这个过程中出现的。我们将这种交流方式称为"灭绝师太式"，有别于无知少女时期毫无头绪的瞎讨论，进而称我们的小团体为"灭绝组"。"灭绝组"在我们成长的道路上立下了汗马功劳，令人爱恨交加，欲罢不能。

客观而残酷地说，每一个女性在二十五岁以后，容貌总是会与岁月的增长成反比，如果以时间为X轴，以容貌为Y轴，就形成一条向下的抛物线；然而，往往在二十五岁以后，当女性经历过生活中的种种百转千回，她的智慧与信念随着时间的增加反而越发明朗和坚定，呈现一条向上的抛物线。也就是说，在这个数学模型里，必然存在一个理论区间，在这个区间中便是一个女性容貌与智慧的综合最大值。今时今日的都市里，有一大批女性就正处于这个区间中的峰值上。要形容起来，这个区间的女性就是：外表仍美丽，内心已明白。厚此薄彼的结果是令人遗憾的，不能教训都白受了，一把岁数依然是银样镴枪头；或者是内涵有了，眼袋却已然耷拉了。

每一个怀揣着美好愿望的姑娘，都是在向着"明白"的目标前进，每一个存有困惑的姑娘，都需要一个类似"灭绝组"的闺蜜小团体。而你现在翻开的这本书，就是你的"灭绝组"，当你坐下来，静静翻开，就像是坐在了我们中间，和我们一起，当头棒喝，冷静分析，无情追问，肆意嘲笑。

明白要趁早，早了早托生。

谨以此书，与众姐妹共勉。

Part 1 ｜ 感情篇

"恋爱是为了让我们成为更好的自己，否则何必呢？"

单身大龄又如何？

看了很多集"国家地理"频道的节目以后，我觉得到了一定岁数着急结婚生子肯定是个生物学现象，就像狗熊冬眠、大雁南飞，都是为着生存和发展。人既然也算灵长类群居动物，还是不要较劲的好。

要是狗熊不冬眠，大雁不南飞，当寒冬来临之际就都冻死了。

都说，情绪是会传染的。人与人之间的脑电波互相影响，会造成气场叠加。"灭绝组"的气场尤盛，因此一个单身起来，个个单身。

我、小曼和塔塔，性格迥异，行业不同，遭遇却相似：都至少被花心男劈腿一次，主动抛弃鸡肋男一次，看上已婚男无奈放弃一次。

曾几何时，我们都自视颇高，以为寻得个把青年才俊有如囊中探物。然而一来二去，时间就这么过去了，恶俗的剧情还历历在目，社会上竟然已经称我们作"单身大龄女青年"。

单身不假，大龄女青年可实在是太难听了，好像我们是超市里要下架的大白菜，还没有卖出去，就已经不水灵了。可是我们不是大白菜，并不以赶在变蔫儿之前被卖出去作为终极目标。也就是说，不是每一个单身女青年，都怀着一颗恨嫁的心。

顶多是怀春的心。

谁不知道谈恋爱好啊！不吃不睡，都能让人双眼发亮，皮肤放光，两人约会赶上大雨，恨不得把雨点也看成粉红色的……大家都是琼瑶、三毛时代一路看过来的，除去极个别另辟蹊径的，绝大多数女青年谁也没憋着要这辈子独身，或者真是看谁都不顺眼，非得和自己较劲。我敢说，女青年的内心深处，最初都是柔软的，饱含期待的。

再柔软的内心，也架不住折腾，女青年的期待和时间，都是被无情的现实活活耗干的。从懵懂到大学，再从大学到工作，女青年们在情路上披荆斩棘，一场场恋爱谈下来，却每次都悱恻缠绵地开始，意兴阑珊地结束。

这个局面的形成，女青年自己是有责任的。

豆蔻年华刚过，先是受影视文学作品影响，对黄嘴小男生盲目心动，三两下就算谈起了恋爱，之后难免发觉该男生青涩幼稚、呆头呆脑，与幻想中落差很大，事事不如愿，算是心碎了第一回。

终于等到淡扫蛾眉、初出江湖，觉得这回世界广阔总有得挑拣了吧，又自恃高等教育、中上之姿，鼻孔不免略微有些朝天，心头早就放好了一把尺子，见来人先暗地里丈量。

女青年的标准不可谓不细：要身材高大、五官俊朗、眼神清澈，举手投足还要有过人气质，以上可总结为"有型"；要饱览群书，不是行业精英也得是预备役精英，要诙谐幽默、收放自如，最好还能懂点儿哲学，以上可总结为"有料"；要衣着得体、质地优良、车房兼备、有些积蓄，最好还能品红酒名茶，以上可总结为"有款"。现在想来，不知错杀了多少本来如意的郎君。

但女青年最想要的，终究还是另外两个字：有情。正因为首选"有情"，才终于有一两个不怕死的误打误撞、过关斩将了——也不见得品质真的异于常人，但是凭着没有根据的执着和热情，还有寸劲儿，打动了女青年的芳心。

恋情业已开始，女青年算正式找到一个演对手戏的人，一起演绎内心排练了无数遍的桥段。为了表现女主角的知书达理，女青年只好强忍着内心的兴奋，保持一个星期见面两次。每次见面，女青年都主动谈人生、谈理想，好几次差点给对方朗诵诗歌——倒也不是故意的，女青年选理想男友本来就冲着琴瑟和鸣去的。

路遥知马力，时间一长，讨喜的招数用尽，女青年发觉男方好像不过如此，细节上毛毛糙糙，聊天也再无新意。其实男方为了能匹配心中的女神，一直战战兢兢，晚饭不敢吃多，怕打嗝串味儿，冬天也不敢穿秋裤，怕露边儿，人前硬要秀出一个华丽的自己。最后，男的不堪重负，觉得弦儿老这么绷着不是长久之计，觉得跟这个女的怎么这么累，谈个恋爱回回都跟去500强面试一样。女的发现真相也震惊失望，好像发现了皮袍下的虱子，觉得男的是存心诳了自己。本来挺美好的初衷，闹得不欢而散。等两人都回过神儿来，两年已经过去。

男的痛定思痛，觉得下回一定找个简单柔弱的姑娘，重点要可人儿疼，一起待着轻松；女的也想明白了，今后必须得擦亮眼，找男人要去粗求精，强调高度、平台、仰视感，对自己穷追猛打没用，关键这男人面子里子要有猛料，得镇得住。

好酒不怕巷子深，女青年终于遇到了一名中青年才俊。几个回合下来，让女青年心服口服：女青年知道的，才俊都知道；女青年不知道的，才俊也知道。女青年马上露出久违的温婉娇媚，不敢再造次，认定找到了自己的灵魂导师，从此灵魂肉体一并奉上。

女青年的温良美德一旦被激发，竟然有点一发不可收拾。看着才俊微秃的后脑勺，都能莫名感动，联想到几年之后祥和的三口之家，粉嫩的小胖孩儿在绕膝奔跑，鼻子像我，嘴巴像他……心想我投之以桃，付出总有回报，再往前走一走，应该就都能实现了吧？于是女青年越发倾力付出，心无旁骛，发展成熨衣做饭项项全能，直到悲愤地从各种蛛丝马迹中发现，中青年才俊又把另一个女青年整得心服口服。

中青年才俊，可不是大风刮来的，他能征服一个，就能征服三四五六七。女青年人格信心大崩溃，诊断出中度抑郁，绝望离去。泪痕湿了又干，干了又湿，恍然发现又是两年。

以上，是我了解到的大多数寻常剧情，还有其他的戏剧性故事也曾经在真实生活中发生过，比如男友被女青年最要好的女友无情抢走的，或者是恋爱到死去活来才发现对方是有妇之夫的。虽有发生，都太嫌极端，不在此列。但就各类寻常剧情，已经是纷纷扰扰；一言难尽，甚至可以写出一本《论单身大龄女青年的形成》。

无论如何，女青年是蹉跎了。

再想扬起风帆的时候，人却已经有些疲沓了。

能不疲沓吗？江湖已经不是当初那个江湖。现在白天得出门挣钱赔笑脸，晚上还得紧着锻炼敷脸，为的是在第二天睡醒之前把疲态抹去，可不比二十出头了。好歹有个周末，还要用来恶补行业知识。虽然论脸蛋仍算拿得出手，论武艺也能在办公室里叱咤一阵子，但就怕中途掉链子啊。再想分出时间来约会新对象，想起过往仍然心有余悸，尤其是不知道一旦把有限的宝贵时间用来约会，是不是真有那么值当的投入产出比呢？

天要下雨，人要长大，长大变精明了，总归是好的。少不更事的时候，凭直觉做事对人，虽然错误百出，痛苦倒也来得直接利索。现在经验教训一大把，反倒彷徨犹豫，胆小如鼠。老鼠自从怕了老鼠夹子，就再也尝不到奶酪的滋味儿了。

当年一穷二白，有的是容颜、时间和勇气，尚且条件多多。现在房间里挂了一柜子衣服，手机里存了两百个电话，张嘴能不重样儿地说出三十个人生哲理来，想要的一切就更加水涨船高了。都明白金字塔越往上，量越小，也不知道自己想要的那堆儿里还剩下多少落单儿的男人，更不知道别处还有多少像自己一样自认才貌双全的大龄单身女青年，也正在虎视眈眈地盯着呢。这个战场，早已经是狼多肉少，硝烟弥漫。

混到这个份儿上，真不能说对不起自己，就是因为太对得起自己，不能放弃自己的气节、尊严和追求，才大龄单身到今天。

到了今天，有点儿姿色，仍不屑于靠姿色混饭吃；有点儿文化，光靠打拼又暂时做不到养尊处优。一直当自己是才貌双全、德才兼备吧，弄了半天，似乎过得还不如当初那些个自己鄙视过的人，真是佳人气短。尤其是每逢圣诞节、情人节，面对旁边女同事的鲜花礼物阵，最难平衡。这简直是女人的致命伤，比外表、比业绩都可以胜出，一比手里的男人，人有我无，立马就被比下去了。这比的是雌性吸引力，此乃宇宙天地间的原动力，这才是终极角逐！被老天爷生成一个女的，出落得如花似玉，正值繁殖期，竟然没有男的爱慕你、追求你，为你格斗、抓狂、流血牺牲，就是最大的失败。

如果说单身生活的确给大龄女青年带来了负面的心灵体验，那些肤浅的寂寞、伤春、顾影自怜，其实都算不上什么。最大的失败，是多少年来的自我塑造和追求，却没有被人、被对等的男人承认和接纳。一只母孔雀打生下来就天天梳理羽毛，练习仪态万方，扭捏了两百多天，屁股都抽筋了，还是没有等来心目中最漂亮的公孔雀开屏求欢。不够漂亮的公孔雀七七八八地倒也曾经来过几只，不是没看上嘛，现在人家小孔雀都打酱油了。

人是灵长类，长成以后需要成双成对，这是自然界的旨意，不丢人。所以当有人长成了却没有成双对，就不符合大自然春华秋实的规律了，别人就觉得她奇怪了，猜测她是哪里出了问题。别人的说三道四都能扛过去，唯独爸妈那失望的眼神才令单身大龄女青年真正伤心。

单身大龄女青年中间的结婚大讨论往往是周期性的，多发生在节假日之后，单身大龄女青年受尽折磨，从爸妈家落荒而逃后的第一天。

塔塔家的局势好像最紧张："我家的三姑六婆七姑八姨实在太彪悍了，怨气太盛了。"

"她们怎么你了？"

"我妈本来每天乐呵呵的挺好，她们天天在我妈耳边吹风，把我妈吹毛了！"塔塔很愤懑。

"她们都说什么了？"

"还不就是，趁还不到三十赶紧嫁人，过了三十就不好说了，就这一类，老三篇！"

"哈哈哈，说没说你同学谁谁谁的孩子都打酱油了？"电视剧里都有这么一句。

"对对！嘿！还真说了这句了。哈哈哈。"塔塔乐得直打滚。

单身大龄女青年，回家须谨慎。

看来文艺作品的确是源于生活，反映生活。但也不好说，七姑八姨说不定也是从电视剧里学来的。但凡这么说的外围亲戚，我看都是碎嘴子，有那工夫为什么不去把自己腰上的救生圈减减呢？

无论电视剧里还是生活里的爸妈，他们的焦急是真心的，望穿秋水的。但再开通的爸妈，也是上一辈儿人。上一辈儿人总认为，单身的生活代表着孤苦伶仃、孤立无援，结婚是最好的解药和结局，我们这一代却清楚地知道，结婚，才好比服了新的一味药，然后等待药性慢慢发作，无论毒药还是解药，只是个开始，无法预知结果。

单身的确有时候寂寞，但是那种寂寞仍然可以有诗意，漫漫长夜，随你迎风洒泪，对月长嗟；嫁错人的寂寞才真正可怕，无处消遣，又无处躲藏，最愁苦莫过于无处诉说，最后肯定憋出病来。结婚上来就是朝朝暮暮，十年如一日地目睹另外一个人刷牙漱口，并与之商量洗衣做饭，其实非常残酷。非得在最初讲究个棋逢对手、两情相悦，否则，万万没有可能挨到誓言里所说的最后。

亲爱的爸爸妈妈们真正想要的，是我们能快乐生活，我们自己也想要，可结婚和快乐生活并无必然关联。这么多年来，我们一直都在寻找可以与之快乐生活的人，如果一起生活的人不能使我们快乐，不如不要。

我们只活这一次，不想苟且，不想将就，只想等到那一个好伴侣。我们错过和放弃的都并不可惜，只因为他们都不对，不要也罢；遇到对的人，是不需要周折和迟疑的，我们会心甘情愿从此困守在一个男人身边，并发誓和他一起朝朝暮暮，直到老死。

作为一个正常的女青年，最后免不了总要结婚的；作为一个正常的婚姻，最后免不了总要白头。也就是说，人，从结婚那一刻起，直到生命尽头，几十年都将在婚姻里，相形之下，单身的岁月其实只有区区几年，弥足珍贵。

一个大龄女青年，在单身时光，最需要的，不是痴痴地盼望结婚，而是尽心过得饱满而有趣。让以后几十年的自己，都可以微笑回味，无怨无悔。

混到这个份上，真不能说对不起自己，就是因为太对得起自己，不能放弃自己的气节。

上一辈的人总认为，单身的生活代表着孤苦伶仃、孤立无援，结婚是最好的解药和结局，而我们这一代却清楚地知道，结婚，才是服了新的一味药，然后等待药性慢慢发作，无论是毒药还是解药，只是个开始。

单身的确有时候寂寞，但是那种寂寞仍然可以有诗意，漫漫长夜，随你迎风洒泪，对月长叹；嫁错人的寂寞才真正可怕，无处消遣，又无处躲藏。

人，从结婚那一刻起，直到生命尽头，几十年都将在婚姻里，相形之下，单身的岁月其实只有区区几年，弥足珍贵。

有没有真命天子这回事儿？

我们这一拨儿好多人，都在死等自己的灵魂伴侣出现，认错一回两回之后，纷纷开始寒心，怀疑世间有没有这么一个人。要不要死等灵魂伴侣出现，要不要认为老公应该等同于灵魂伴侣，这是个问题。

老公首先是个亲人，而且能接受你一切的程度仅次于亲妈。这一点灵魂伴侣反而做不到——你理想化不要紧，他也理想化，等你稍微变丑撒泼掉链子，就轮到他认为你不是他的灵魂伴侣了。

很多悲剧都起源于期望值过高。

"灭绝组"外围成员米秀，在我们这儿是个异类。

米秀比塔塔还小几岁，2007年终于从插画专业硕士毕业了，是个一路走来都品学兼优的好学生。好到什么程度呢？就是那种获得过各种奖学金，本科保送到研究生，又被选派到美国做交流学生，再被推荐到英国实习的完美榜样。

纵观米秀的履历，一步一个脚印儿，绝对白璧无瑕。美中不足的是，眼下米秀到了二十六岁，还没有谈过恋爱，真是匪夷所思——要不怎么说在我们这儿是异类呢。

要是以为是米秀外形或者性格的原因，那就错了。

米秀长得像极了韩国人，脸盘平圆，细眼小嘴，有一头跟洗发水广告里一样的长发，漆黑笔直，瀑布一样。

米秀的性格也好，虽然自己没有经历过恋爱考验，但是毕竟游学四方，交了很多好朋友，眼见耳闻了各路人马的奇闻逸事，对谁都没有偏见。甚至经常参与大家的分析讨论，在理论上早早地超越了实践。

米秀英文流利，是画画高手，还自己出版过漫画书，书里的爱情故事，都唯美精致，荡气回肠，完全不像是她闭门造车编出来的。

二十六岁之前的米秀，没有男友还能耐心等着；二十六岁一到，米秀有点仓皇了，跑到"灭绝组"让大家支招儿。

"你男友标准是什么呀？"头一个问句都大同小异，问过好多人好多遍了。

"高高的，很清新的样子，就像日系少女漫画男主角那样的。"秀秀的眼睛里透出神往的小光芒。

"……生活中你见过这样儿的吗？"

"呃，目前还没有呢……"

"哦……"我一时也想不出什么话接茬儿。

秀秀自顾自接着说："我觉得，如果我见到他，一定能在第一瞬间认出他来！"

"靠什么认出来？有特征吗？"这个我必须追问，心说我怎么就没认出来过呢。

"有啊！你看过日本漫画吗？"

"看过啊，我看过哆啦A梦。"其实我还看过好多呢，寒羽良什么的，当时就把里边儿女主角身材当成毕生奋斗目标了。

"按漫画里描述的，当真命天子在众人当中出现，他就像会发光，周围一切都会模糊和暗淡下去，整个过程像慢镜头一样，会让人特别难忘。而且，好多美国电影也表现了这个情节。"

"没错！说白了就是一见钟情呗。美国电影里，那个瞬间还得有电影配乐，男女主角互相看呆，就跟魔障了一样。"说电影我就熟多了，觉得自己有好多发言权，但是为了米秀的终身幸福，我还是收了心，"那都是文艺作品，其实米秀你应该采访一下身边儿真人，问问大家，初次碰见自己男友或者老公的时候，都是什么情况。"

"对对对，我就爱听情感历程。"塔塔刚才一直在旁边一边翻杂志一边忍笑，这时候马上机灵了，凑到我和米秀跟前儿。

"就这么定了，米秀去收集资料，然后拿数据回来汇总分析！"

"采访对象必须是感情良好的情侣和夫妇，这样数据才有意义哪！"

我和塔塔都很兴奋，频频支招儿。

米秀心里着急动作就快，两三天之内就询问了她周围熟悉的、不熟悉的二十多个人，甚至对我也进行了采访，小本儿上都做了记录，真不愧是名副其实的好学生。

米秀说，更多的人，尤其是她问过的同龄女生，也都正在被同样的问题困扰——什么时候，在哪儿，以何种方式，能遇到真命天子（又称Mr. Right）；更重要的是，遇到之后，如何知道他就是他呢？

数据整理好，我们又团团围坐，准备从中整理出真命天子（或者至少是潜在真命天子）的识别规律。

首先排除采访对象里三对是中学同学的夫妇，他们都是从偷偷摸摸的早恋一路走来，披荆斩棘终成正果的。那时候，课间上趟厕所回来说上一句话就幸福一天，一个小眼神儿能玩味三个礼拜，跟现在的生活节奏和都市恋爱没法儿比，完全不具有参考性。

还有两对儿是大学同学。米秀的大学也是糊里糊涂、颗粒无收过来的，该培养感情基础的时候不知道米秀是学托福还是干吗去了，现在往回找显然来不及了，只能往前看。唉，米秀起步显然已经晚了五六年，必须迎头赶上。

其次就是朋友的朋友，或者是同学的同学，参加各种聚会认识的了。这个为数不少，有五对儿。这是个突破口，赶紧让米秀复述细节。

米秀兴致盎然，这一部分符合了她对一见钟情的想象，因为这五对儿里至少一方都明确表示，刚认识对方就有明显好感，之后留电话，约吃饭，水到渠成。所谓一见钟情、一拍即合、一来二去、一发而不可收拾。按照这个思路，米秀要做的，就是频繁参加聚会，等待那个人上来相认。问题是往往上来与米秀相认的人，米秀都不想与他相认。

再有就是工作关系认识的了，也是五六对儿。这个系列往往是以单相思和日久生情的剧情为主。要么就是一个部门，或者是一个公司，还有是合作伙伴或者客户，总之是低头不见抬头见的。这个部分只能让米秀更迷惘，一则米秀的同事除了她的已婚老板，剩下的是清一色的年轻姑娘；二则这几对儿都表示第一眼见到对方时并没有惊为天人的窒息感。按照米秀的公式，这就完全不对了，咂摸了几个月才有味儿的饭菜，能是你命中注定的那碟菜吗？

最后是以我为代表的，与纯粹随机遇到的人谈起恋爱。这个模式，应该是米秀这样的日系漫画派最推崇的，电影电视经常表现的。比如，两人在报摊前争抢最后一本杂志啦；女方丢了月票，男方一个箭步上来代付啦；女方在溜冰场跌倒，男方用结实的手臂扶住啦……

不过这方面倒还真有不少现成的例子，比如我在外企时期有一个女同事，就是因为在新东方上课晕倒，遇到了她后来的老公。据说在她即将倒的那个千钧一发的瞬间，一个男同学从后面一个箭步上来抱住了她，焦急而关切地问："同学，你怎么了？我是医生！"据女方后来了解，男同学其实是牙医，一般不治疗跌打损伤，当然，这不妨碍两人按部就班地结婚、生子。

"我就说嘛，一见钟情的成功率高。"米秀觉得又多了一条论据。

"问题是，这对夫妇已于去年离异。"我只好说出这个残酷的结果。

“啊？不是吧。”

“听说后来过起日子，男方他妈霸道蛮横，婆媳不和，离婚了才消停。当初一个扶着另一个电光石火的时候，没法知道这些个家庭细节啊。”

无奈的结果多如牛毛，看来米秀是真不知道，我怀疑她对恋爱结婚的认知还停留在“王子与公主从此过上了幸福的日子”阶段。

我的资料是第一手的，应该很具有说服力。

“所以就不能拘泥于某一种既定形式，不能非得第一眼就是他，第一眼就是的，也未必真是！买条裙子还会后悔呢。这件事，没有公式可循。”

塔塔也同意：“真命天子，甭管第几眼，自己觉得他是，他就是了。”

我终于理出思路了：“米秀你的问题，就是非要头一眼定输赢，结果呢，只给了自己只能被别人看第一眼的机会。等别人再想看你第二眼，你已经跑没影儿了，自己亲手扼杀了后面的可能性！”

塔塔同意我的观点：“就是啊，你这么多年，简直过得就跟面试一样啊！人家面试还有几个回合的问答题呢，人家导演试镜还得让演员念台词儿呢，你这一照面儿一票就否决，倒真利索。”

劈头盖脸几句话说得米秀嗫嚅起来：“我也不是一下子就说不行，我检讨过呀，觉得自己有问题以后，尝试过一次跟没感觉的人约会。”

“什么时候的事儿，怎么没告诉我们啊？快说快说。”

“灭绝组”就好听个新故事。

“是搞火箭发射的一人，别人介绍的，见了三回。”

这明明就是相亲！

我和塔塔真是吃了一惊：“啊？相亲啊，相亲一见钟情就更难了哎，这和你的愿望就整个背道而驰了呀！”

“但是个工作努力的好人嘛，我和他真没话讲。我坚持吃了三次饭，还是没话讲！"

"你这是有病乱投医！一个极端不成又跳到另一个极端。基本原则都摒弃了，毫无标准就只能抓瞎。"

我和塔塔捶胸顿足。

"以后你好歹给自己定个大方向，比如说，和你一样爱好点儿艺术啦，和你一样英文很溜儿啦，把硬指标量化，至于感觉，允许慢慢培养！"

我已经跳出座位，指手划脚，真是恨铁不成钢。

米秀允诺着黯然退席，我和塔塔望着她瀑布般的长发飘逸而去，无限惆怅。

有关真命天子、白马王子，每一个姑娘都从小听到看到太多，童话是王子遇到公主，传说里是前世转到今生，还有韩剧、日剧，无不百转千回、絮絮叨叨，说尽了伤春恨嫁之心。唯独忘了说，白马王子驾临之前，公主们都在干什么。莫非公主正在草地上浑浑噩噩发呆，一抬头就发现王子恰巧走到自己面前，王子恰巧就长得英俊魁梧，恰巧你也是他中意的那一款？

一个姑娘长大之后，当她突然发现不努力争取就没有布娃娃的时候，就是走上了追寻和探索之路。如果站在那里不动，美好的东西不会自己扑面而来，她必须往前走；即使她在向前走，她依然要逐渐学会辨认迎面而来的一切，危机和美好，往往都隐藏在表象下面。有道是凿石现奇玉，淘沙得黄金。只站在沙漠上张望，看不出油田来，必须深挖井，持续性操作；光在大海上扬帆，也发现不了大鱼，必须广撒网，毁灭性捕捞。

如今，米秀开始和一个在画廊实习的美国留学生约会，米秀真是实心眼儿，我随口说爱好点儿艺术、英文溜儿，米秀就拿把尺子找去了。

多亏我没说肤色的条件，否则该留学生会因为是白人而落选。米秀说她现在很开心，饮食因此而更健康，英文因此而更流利。如果恋爱能使人成为更好的自己，那已经是一个美好的恋情，在此衷心祝米秀幸福。

不能拘泥于某一种既定形式，不能非得第一眼就是他，第一眼就是的，未必真的就是！买条裙子还会后悔呢。非要头一眼定输赢的结果就是，只给了自己只能被别人看第一眼的机会。等别人再想看你第二眼，你已经跑没了，亲手扼杀了后面的可能性！

白马王子驾临之前，公主们都在干什么？莫非公主正在草地上浑浑噩噩发呆，一抬头就发现王子恰巧走到自己面前，王子恰巧就长得英俊魁梧，恰巧你也是他中意这一款？

有道是凿石现奇玉，淘沙得黄金。只站在沙漠上张望，看不出油田来，必须深挖井，持续性操作；光在大海上扬帆，也发现不了大鱼，必须广撒网，毁灭性捕捞。

真命天子，甭管第几眼，自己觉得他是，他就是了。

变心需要理由吗？

忠贞从来就是个罕见的品质，国与国之间都可以撕毁条约，背信弃义，人与人之间的变心更是难免。连安妮斯顿和妮可·基德曼都能被劈腿，可见这事在谁身上都有可能发生。

最伤心的部分往往不是失去他，而是对自己的否定和对自尊的挫伤。

总有一天会哭到不哭，然后你才会变聪明，原来每一滴眼泪都不白流。

我二十岁的时候就认识也迪了，那一年也迪二十三岁，据也迪说，她曾经一度很讨厌我这样儿的。

我是在丰联广场的三层遇见也迪的，她当时是一名化妆师。

那天，我逛到一个店门口，正被无数的明星照片吸引住，一个助理小妹马上跑过来要把我拉进去。我刚要扭捏拒绝，突然闻听里面"咔嚓"声不绝，闪光灯随之一亮一灭。屏风掩映间我看见一个盛装模特在改换姿态，人鱼般的裙摆轻轻拂动，波浪鬈发被鼓风机吹起向后展开，眼睛与皮肤都熠熠放光，有如雅典娜女神！

我当时就被震住，张口结舌地盯着模特，动也不能动。助理小妹不费吹灰之力就把我发展成下一个客户。

我向来不招造型师喜欢，因为总是认为只有自己最了解自己，对化妆和发型意见多多。轮到我拍照那天，逼着也迪将化好的妆面改动数次，她兢兢业业地做完自己的工作，过程中没怎么对我笑过。

几个月后，一个杂志编辑从丰联摄影师那里看到我的照片，希望我给他们拍几张平面照片用在杂志里。那一次，还是也迪给我化妆。由于要拍好几个场景，摄影组忙活了一整天，也迪给我补妆也补了一整天。我注意到也迪有着消瘦的脸和黑直的长发，这两样一直是我很羡慕的东西。她工作的时候面无表情，嘴唇抿得紧紧的，而休息时间一旦笑起来，嘴巴却张得很开，露出雪白整齐的牙齿，眼睛挤成黑黑的月牙，真是判若两人。

最后一组照片在我家取景，也迪先看到墙上挂的油画有我的署名，确认果真是我画的以后，第一次对我笑了，眼睛弯弯的，可真像黑月牙。我和也迪就这样熟悉了，开始了我们漫长的友谊。

有一种友谊，双方会一两年才通一次电话或见一次面，比如我和也迪的。但见证我的第一次失恋创伤的人，恰好是也迪。

电话和见面屈指可数的时候，有限的时间就会用来交流人生重大问题，滤掉无聊琐事。

2002年我们通电话，也迪决定学习摄影；我决定放弃做播音员，改当小白领。

2004年我们通电话，也迪决定承包丰联广场的摄影棚；我决定考研，暂时告别小白领。

2006年我们通电话，也迪决定学习Photoshop自己修片；我决定注册设计公司。

2006年的这一通电话有所不同，我们做的事好像突然有了交集，简单沟通后，我带了Photoshop教程，第二天一早到了她家。

那天我给她示范了初级修片方法，她给我做了午饭。

吃饭的时候我问到她做化妆师的起因，她就从她一个人背着行囊来到北京讲起，讲这一路走来如何坎坷辗转，如何越战越勇，一直讲到华灯初上，夜幕降临。

我听得入神，渐渐对她的坚强肃然起敬。可见初相识的时候，我在她眼中一定是一个顺风顺水、颐指气使的北京丫头，她当初对我的厌烦不难想象。

故事讲完已经将近午夜。也迪给我穿了她的睡裙，让我在她家睡下。说晚安的时候我的手机突然响了，一看是前同事打来的。

"你男朋友现在在哪儿呢？"她上来就无端问我男朋友，好生奇怪。

"他在深圳出差呢，怎么了？"我隐隐有种不祥之感。

"咱们同事Bob刚才在三亚天域酒店的大堂看见他了，和一女的！"

也迪正紧张地盯着我看，我的脸色肯定突然间变了。

"不可能……他……他看错了吧？"我的语气明显软下来，不愿意让自己相信。

"不会，Bob说还叫了他名字，他还答应了呢。他躲躲闪闪的，肯定很紧张啊。"

证据如此确凿，我甚至不敢再追问细节。

电话挂掉之后，就像言情电视剧里描写的各种晴空霹雳情节一样，我无力地瘫坐在地板上，眼神空洞。只觉得一股寒气从地上升起来，渐渐湮没我的全身。千真万确，在北京的盛夏季节里，我竟然开始无法控制地瑟瑟发抖，从脚趾抖到手指，连牙齿都发出"咯咯"的声音，我听着自己牙齿的声响却又无力停止，就好像是另一个人发出的，觉得格外恐怖。

我一瞬间丧失了思考能力，无论如何也找不出头绪，不能相信这样的情节会在我身上发生。怎么会呢？我从小德智体全面发展，我好好学习，我爱读书，我考上研究生，我五官端正，我身材匀称，我会画画，我会做饭……究竟是哪里出了问题？什么时候出了什么问题？我怎么会毫无察觉？一切怎么会是这样呢？

我告诉也迪，这个恋爱已经谈了整整两年，大家普遍夸我们郎才女貌，门当户对，双方父母都已见面，男友亦没有告诉过我他对我有所不满。眼看恋情平稳前进，还曾经天真地以为两个人就这样绵延到下半生了，万万没有想到会有今天。

我紧紧裹住也迪递给我的小毯子，心力交瘁。

"你打算怎么办？得找他问清楚吧？"也迪知道今天晚上肯定没法睡了，索性陪我聊出解决方案。

"我当然要问清楚，但问了以后怎么办？我自己要先想清楚啊。"我的脑子是乱的，但我真的不知从哪根线头捋起。

"想清楚什么啊？"

"事实已经这样了，再问也就是来龙去脉。重要的是，然后呢？我是跟他分手，还是继续下去？"好了，现在我似乎有了两条路可以选。

"就这么分手你甘心吗？继续下去你能忍吗？"也迪把两个问句当当地抛出来，锋利极了，刺得我心脏咝咝地疼。

"我不知道。"我把脸掩在双手里，紧紧地咬着嘴唇。我知道刚才的镇定全都是佯装的，我其实下一分钟就要哭出来了。

我一夜未眠。

第二天，我当着也迪的面给男友打了电话，他承认了，他已经和被目击的女人来往了半年之久。他道歉数次，然后信誓旦旦地告诉我他绝不会再与之来往，并且从未打算和我分手。我问他为什么这样做，他说他不知道。我说我问的是动机，他说他真的不知道。

也迪一直屏住呼吸听完我们的谈话，终于问我："你现在什么感觉？"

"我感觉被骗了！我一直努力争取的美好生活被人给毁了！我整个人被否定了，而且没有给一点儿理由！"

其实昨夜辗转反侧的时候我已经反复想过，令我感到痛苦的究竟是什么？是失去自己心爱的东西，还是被欺骗的屈辱？是希望的破灭，还是对自我的否定？这些负面的东西全部交织在一起，真是可以把人拖垮的。

"对啊，他根本没告诉你为什么，那你凭什么相信他能改啊？你都不知道病根在哪儿？"

"嗯，我必须得搞清楚到底哪儿出了问题。"从小就知道治病要治本，我决心死也要死得明白。

很快，他回到了北京，我发现纠结的生活才真正开始。两个人的关系与形势已经完全无法回到从前。经此一劫，我已经草木皆兵，好像他的每一句话都含有谎言，每一个举动都有破绽。而导致他劈腿的本质原因，仍然没有水落石出。每当我要求探究，便引发冷战、对峙，最后恶言相向。有一天他终于忍无可忍，有气无力地告诉我："不要再问我了，我真的不知道。不是所有人都像你一样，做什么事都清楚地知道自己的动机。很多时候，人，想那么做，就那么做了。"

我于是放弃了追问。

真相大白的时候当然会痛苦，但那痛苦来得尖锐而短暂，而更难受的是剩下来的憋屈，又臭又长。鲁迅先生说，苦，又不知道苦的根源，我觉得那说的就是我。每一天都知道自己生活在沼泽里，却还在里面走，不知道哪里有陷阱，下一脚就有可能踩下去。

半年过去了，一切都没有好转，我觉得越来越无助，只好给也迪打电话。她对于我来说是一棵知情的稻草，不能救命，却仿佛能让我的疼痛暂时减轻。

"你们没有分手？那不是很好吗？"也迪以为是好消息。

"我们现在关系很差，其实跟分手也差不多了。"我真是说不出的沮丧。

"那你等什么呢？"

"我仔细想了，还是不知道自己哪里做得不好。我觉得这样就分手了，失败得没有理由。"

从小到大，表现好会受表扬，表现不好会被批评和淘汰。这才是我能理解的逻辑。

也迪犹豫了一下，说："我后来也想了，就是没跟你说，怕你接受不了。"

"你说吧，我接受得了。"晴天霹雳已经过来了，还有什么接受不了的呢？

"要我说，你还是很好，也没做错事，但他就是不喜欢你了，足够喜欢一个人是不会劈腿的。你明白了吗，他变心了就是变心了，没有理由！"

"没有理由？"我重复了一遍。

"对，没有！记得咱俩2002年、2004年打过的电话吗？你说你不想当播音员了，我问你为什么。你说了一堆原因，最后你说，其实就是不喜欢了！"

我沉默。

也迪接着说："你看咱俩这几年，都换过工作和行业。你能说当播音员不好吗？那么多人都抢着当呢，可你不喜欢就不干了。你当时需要给自己交代理由吗？"

"你说得对。"我说，"我现在不分手，可能就是想要给自己一个交代吧！给自己一个原因，让自己接受恋爱失败的结果。"

"恋爱失败怎么了？丢人吗？非得清清楚楚摆出原因吗？你太要强了吧？人家就是不喜欢你了，你恋爱就是失败了！你不接受也得接受啊！"

也迪不愧是北方姑娘，直接得惊人，把我噎得够呛，只好仓皇地挂了电话。

不久以后，我再次发现了他和那个女人仍然在来往的蛛丝马迹。这一次，我什么也没有问，照常出了家门开车去工作。

我清清楚楚地记得那一天，天阴沉沉的，我沿长安街由西向东行驶，没有开收音机，也没有放音乐，就那样听着车胎沙沙碾过沥青路面，看着前方，一直开一直开。经过天安门的时候，我听到自己无声地对自己说："我，承认自己恋爱失败了，我接受我的失败。"说完之后，我的心豁然开朗，迎来了久违的宁静。终于明白，还能忍的时候，才怨声载道；真正受够了的时候，心情会出奇地平静，转身别过，毫无留恋，不带走一丝云彩。

一年以后，我接到也迪哭着打来的电话，她告诉我她的男朋友突然离开了她，没有告诉她任何原因。我想把她曾经告诉我的话再说一遍，但终于没有。我想她都是明白的，但她仍然会伤心哭泣，仍然需要朋友的安慰。每一天，在城市的某个角落，相似的剧情总是一再重演。于理，我们可以告诉自己变心就是变心，不用去问理由；于情呢？那些过往种种，就此烟消云散，情何以堪？

我们都以为，变心的恋情只会发生在电影和小说里，只会发生在别人身上。我们都以为自己是不同的，只要我们用心和努力，我们就能握住自己的恋情，能最终力挽狂澜。但是，真正的生活不是这样的，不是努力就一定会成功，不是付出就一定会有回报，尤其是爱情。

真相大白的时候当然会痛苦，但那痛苦来得尖锐而短智，而更难受的是剩下来的憋屈，又臭又长。

你还是很好，也没做错事，但他就是不喜欢你了，足够喜欢一个人是不会劈腿的。明白了吗，变心了就是变心了，没有理由！恋爱失败怎么了？丢人吗？非得清清楚楚摆出原因吗？人家就是不喜欢你了，你恋爱就是失败了！不接受也得接受！

还能忍的时候，才怨声载道；真正受够了的时候，心情会出奇地平静，转身别过，毫无留恋，不带走一丝云彩。

不是努力就一定会成功，不是付出就一定有回报，尤其是爱情。

钱是千足金

各种心理作祟，我仍然很难做到开诚布公地与男性聊钱。但钱的问题又是个大问题，出生到死都跟定你，当你变成你俩，就跟定你俩。不是聊绝对值，而是要聊价值观，价值观才是大事，直接关系终身幸福，所以不能回避。

我说的是跟男性聊，不是跟他要。给嘛，可以拿着；要，就是两码事儿了。还是自己尽量多挣，钱多终归底气足。

2008年春天，小曼有了新的追求者，是个年轻的海归创业青年，模样周正，据说生意还小有规模，姐妹们无不为之欢欣鼓舞。

小曼单身有一年了，两段过往恋情都是她自己亲手掐断的，之所以无果，应该说与她特立独行的性格有直接关系，欲知细节，可以翻阅本书其他章节查找比对。

小曼的性格与她的外形一样，在广大女郎中绝对别致惹眼，让初相识的人印象深刻。

先说说外形。

首先，她高，比我活活儿高出10厘米。想当初我五岁、她三岁的时候，我又白又圆，她又黑又矮，可惜这种鲜明对比只保持到我十二岁、她十岁的那个暑假。从此以后，我就完全从了我妈娇小的遗传基因，没再长高过。只能眼巴巴地仰望着小曼如竹笋般节节生长，终于出落成一个标致的京城长腿大姑娘。

其次，她的肤色也占了时代的便宜，小时候的黑长开了以后就是时尚的古铜，尤其反光以后，光滑锃亮，永远用不着晒太阳灯后天上色。唯一不好的是这个肤色制约了她的造型，只能是运动或狂野范儿，婉约起来怎么着都不像，好在她也从来没指望自己走婉约路线。

除此之外，小曼生就标准的瓜子脸和细胳膊，但凡长胖，都只长在身体中段衣服底下不明显的地方，上面还依然是瓜子脸和细胳膊，特别气人。

所谓相由心生，小曼的性格和外表形成了高度统一。除了具备诸多北京姑娘的大气、自信等普遍特点外，在对自己和人生各项重要指标的要求上，更加有原则，有主意，绝不妥协和苟且。否则，小曼也不会毅然决然地结束前后两段不理想的恋情，也不会和我们志同道合，组成坚如磐石的"灭绝组"。

这次新的追求者出现，且前景看好，绝对是组里大事；只要是关乎每一个成员健康、前程、人生转折的决定性时刻，我们都会本着为彼此负责的精神，发动集体智慧，组团儿探讨。

"灭绝组"在第一时间集合，与追求者开展联谊活动，首选活动内容一般都是吃吃喝喝。

饭桌上，宾主频频举杯，追求者皮肤白，气色好，酒量也不错。尤其是聊天几个回合下来，话题始终收放自如，谈起世界大事也颇有见地，再加上不易察觉的一丝东北口音，更显得气势辽阔。席间他还谈到了对自己未来的展望，包括如何拓展蒸蒸日上的生意，如何在全国各地开枝散叶。整个商业计划丝丝入扣、步步为营，听得我这个创业女青年振奋不已。追求者肯定已经十分稀罕小曼，时而畅想时而热切地注视着小曼的瓜子脸，小曼也露出了久违的柔和神色。这神色便是一个乐观的征兆，我们早就说过，真得佳偶，一定会春风化雨，使我们的桀骜与夙怨渐渐退去。

饭后感想大汇总，该追求者获得了"灭绝组"一致好评。如果说有美中不足，只有追求者的身高。"灭绝组"早有研究，为了保证两人走路和照相好看、搂抱位置舒适，男方需要比女方高出个15厘米左右，也就是说，女方大概应该到男方耳垂的位置。其实追求者虽然比标准身材稍嫌多肉，但也不算矮，而小曼的身高是172厘米，找到一个德才兼备再比小曼高出15厘米的男性，基本就是恐龙级罕有。所以为了小曼的幸福，身高这项标准只能忍痛放宽。

"灭绝组"虽然性格各异，但对恋爱对象的要求长期以来还是比较一致的。借用一套市面流行标准，提炼出来完全可以总结为"三T原则"。英文是：True Man，True Love，True Money。 按我们的意思翻译过来基本就是：真猛男，真感情，真金白银！至于"真"到什么程度，我们的标准肯定不同，但各人心中有数。尤其第三条，我们对外都不好意思明说，怕显得自己恶俗了。如今眼看到追求者有希望应了"三T原则"，大家纷纷鼓励小曼就此展开一段前景美好的新恋情，小曼自己也格外期待。毕竟，芸芸众生中，遇到"三T男"，谈何容易。

之后"灭绝组"四散开去，我和塔塔分头打点各自生活，小曼和"三T男"约会吃饭，自行培养酝酿，进展亦无须多问。

转眼到了夏天，我正处心积虑地伏案修改报价，小曼突然打来电话，语气沮丧，说和新人出现了新问题。

她说现在状态有点儿奇怪，让她觉得很不舒服。"三T男"虽说一直向小曼表达他的爱慕之情，但一忙起来，比如谈事儿开会的时候，电话就特别少。他们见面也不多，因为"三T男"老出差，偶尔吃饭也经常是带着小曼和若干生意伙伴一起吃，吃的时候他们还谈事儿，有时候外加喝大酒，小曼就只能旁听。聪明自主如小曼，谈恋爱非但没有花前月下，还要忍辱负重陪男方出席应酬酒席，无聊程度，可以想象。

早在饭桌联谊活动，我们就看出"三T男"一准儿是个事业狂，但没料到这么典型。我推断他兴奋点可能很大部分不在谈恋爱，而在赚钱上。和事业狂恋爱的最大弊端就是，他绝无大把时间用来陪伴女友经营二人世界。但小曼并不是需要人经常陪的娇气女，连她尚且都不满意，想必"三T男"做的是相当不到位。

"其实我们聊天什么的都还不错，他真是很有想法的一个人，也说我就是他理想中的女性。但是他老问我想要什么，他去给我买，我说我不要。这个让我最不舒服！"小曼终于说到问题关键。

"哈？"

我头一次听说这算问题，顿时觉得十分新鲜有趣。

"谈恋爱送礼物很正常，干吗不要？有什么不舒服的啊？"

"不是过节和生日，就是平时，他也认为我需要他给我花钱。我想要什么完全可以自己买！我跟他谈恋爱，但不是要他供养。他这么想，就是没把我和他看作是平等的！"

不愧是小曼，太有性格了！多少故事都是女方嫌贫爱富的剧情，现在有姑娘为了捍卫平等拒绝男方的钱财，真是闻所未闻！

平等当然在爱情关系里至关重要，但为什么在我的认知里，从没意识过平等和接受钱财有任何矛盾呢？我稍微思考了一下，马上发现她的逻辑有破绽。"谈恋爱，双方都得投入，对不对？"

"对！"

"投入的形式有好多种，投入感情，投入时间，投入金钱，都算吧？"

"算！"

"既然都是投入，你为什么抱怨人家时间投入少了，同时又抗拒人家金钱投入多了呢？时间和钱，都是表达感情的形式。"

"希望他多花点时间和我在一起，是为了交流。但我要吃他的穿他的，我就成了寄生妇女，就很难有尊严了。"

尊严！好大的一个词，小曼的形象突然威风凛凛地出现在我脑海里，她目光坚毅地矗立在悬崖上，下面有各路勇士捧着金银财宝往上爬，好不容易爬到小曼脚下，小曼只轻轻地扫了一眼，淡淡地说："都下去吧，我自己有。"

"比如有的人一个小时就挣一千，他不工作陪你五个小时，就少挣了五千，这不是钱吗？你要时间，时间一量化比直接给钱还贵呢！你要的是他的时间成本，你要的是他单位生命时间里，放弃挣钱来陪你！他可以为了你直接扔钱，但不可以给你钱，是这个逻辑吗？"

"……让我想想。"

我感觉自己说得在理，马上乘胜追击："他投入金钱，也许就是为了弥补时间呢。你不要，就是拒绝他感情的投入，剥夺了他对你好的权利。你的目的是想和他谈恋爱，和他继续发展，又阻碍他的投入，这是矛盾的。"

"不对！对我来说，在一起的时间非常重要，这个拿钱找齐不了。如果他认为能找齐，那我和他对钱的功能的理解就有很大差异。"

"有可能，钱就是他的沟通和表达发式，就相当于他对你说的甜言蜜语，哈哈哈。"

"这个方式我受不了！不是什么事拿钱都能办的，看不见人，只看见钱，不是生活！"

小曼这最后一句说得太好了，其实这整件事剖析开来，和尊严关系不大，而是金钱观问题！

金钱观！这个问题又大了，具体到针对钱的讨论，在我们"灭绝组"里好像一直还是空白。这不能赖我们。大学毕业以前，无论学校还是父母都没有给予过我们直接的有关金钱的教育。我们模糊地知道社会主义社会实行按劳分配制度，多劳多得，少劳少得；要以勤俭节约为荣，以骄奢淫逸为耻；资本原始积累是非常丑恶的，每个毛孔都滴着血和肮脏的东西，等等。我在成为创业女青年之初，依旧一身书生气，一口文艺腔，谈起钱来特别心虚和扭捏，老觉得自己庸俗不堪。像小曼这样抵触"三T男"的钱，是不是也跟我曾经抵触和客户谈钱的心理一样，唯恐玷污了我们在自己内心的纯洁形象，那个纯洁形象应该勤劳、善良，不为金钱所动。

我这两年刚刚摆正心态，既然开张做生意，无论大小，但求盈利。逐渐尝试以一个小贩的本分来要求自己，逐渐在自己内心树立起一个标准小贩的形象：勤劳、善良，用劳动产品换来应得的金钱。也是时势造就小贩，再不摆正心态，我就饿死了。

这个问题太值得深入讨论了，我于是建议小曼挂了电话，晚上"灭绝组"对该议题再集中讨论。

夜幕降临，讨论正式开始，由我先对小曼提出问题："先不说他，你对钱的功能是怎么理解的？"

"钱能干好多事，也有好多干不了的。都说钱不是万能的。"

塔塔说："对，比如，钱买不了时间。"

小曼马上进入逻辑分析状态："按说买不了，但是，比如咱俩都必须去新疆办事。你没钱，火车坐三天；我有钱，坐飞机，几个小时飞到了。我的生命就是比你多出来两天，这两天算不算我拿钱买的？"

塔塔说："钱买不到爱情。"

小曼看样子早就想到了，马上接茬："比如俩女孩天生的长相才智都差不多，一个家有钱，打生下来就吃香喝辣的，气色好身体棒。然后又上好学校，还学钢琴学芭蕾。另一个正好相反，营养不良，上一五流学校，中途还辍学打工。你要是一男的愿意要哪个？"

塔塔说："那可难说，我就喜欢野百合。"

我也不干："咱仨谁也没学钢琴和芭蕾，还就没人愿意要咱了？"

小曼没理我们俩，继续说："就说一个女孩，她的生活质量、健康水平、教育程度、美容护肤都随着金钱水涨船高了，是不是直接导致爱情竞争力也高了？"

塔塔说："那她要是根儿上就是'什么姐姐'那样儿的，怎么有钱我看都没用啊。"

我乐死了："万里挑一的就别搬出来说了，小曼说的是一个大多数，是理想模型。"塔塔说："钱买不了健康。"我接着小曼的思路继续分析："太买得了啦！咱俩都得绝症，我有钱治，又活十年，你没钱治，只能再活仨月。"

塔塔不乐意听她得绝症的例子，翻着白眼说："那不是到最后你还是得死！"

"是得死，大家最后都得死。但是你说除了钱，还有什么可以去找到最好的医生和药物，能让人扛到最后？钱办不到的，什么都办不到了。钱是不是万能的，但是还有什么比钱更接近万能？也就是说，钱，无限接近万能！"

我已经在为自己瞬间得出的结论暗暗吃惊。"要是排序，就是：万能，钱，其他事物。"我补充。

"钱就是千足金！"塔塔脱口而出。这个比喻真是太有才了，我和小曼都觉得贴切得不得了，也为我们今天的结论再一次震惊。

"不对！钱就是不能买爱，爱的力量应该比钱大，要不然太无情了这世界。受不了！"塔塔依然纠结于钱能不能买爱情，有点无法接受她刚总结出的精妙结论。

我同意，人是热的，钱是冷的，这世界是人主宰的，不是钱。

"爱？爱是生出钱的能源啊。爱所爱之人，爱自己，就是因为有爱，想让别人和自己都生活得更舒适、更美丽、更健康，才去挣钱呢。这个爱比爱情大，必须是大爱！"

我继续想，爱这么高尚隽永，钱这么庸俗浅薄，然而它们紧紧相连，互相做伴。

"有爱，就有信念去挣千足金，然后生出更多的爱，这个世界就是爱和千足金的循环。千足金是链条，爱才是目的！"

我们真为自己的结论感动死了。

大家沉吟了一会儿，我方才想起今天议题本来的出发点："所以说小曼，'三T男'就是为了爱，去挣钱，然后再把钱奉献给你，这就是爱啊！"

小曼反应依然很激烈："这个我就是受不了，我要的是谈恋爱！恋爱是要谈的！我就是要这个男的，在我面前，看着我，聊天！"

虽然小曼的态度没有得到转变，但"灭绝组"多时的困惑真正解开了。我们第一次，让自己面对钱，讨论钱，毫不羞耻地肯定了钱的用处。这是"灭绝组"的一小步，但我们认为绝对是现代女性金钱观的一大步！

两个月后，"三T男"表达感情的方式依然故我，看来人的格局一旦形成，很难改变了。小曼有些失望，拒绝再陪同应酬酒局，两人见面越来越少，然后渐渐淡了。

突然又有一天，小曼打电话来，说"三T男"托人送给她一大箱海鲜，她正在外面办事，委托我接收一下，顺便就加工了吧。

当天的晚饭特别丰盛，"灭绝组"围坐在餐桌旁，捏着新鲜的螃蟹腿儿，蘸着姜醋汁，说"三T男"真的很有意思，用海鲜给恋情画上圆满的句号。小曼也许真的不适合他，但总会有适合他的姑娘。我们吃鲍鱼的时候，自然而然地又聊到了钱，这个千足金。吃饱喝足，我们继续各自憧憬着新的"三T男"出现在我们的生活，因为我们知道，至少其中的两个T，True Love 和 True Money，是互为因果，生生不息的。

"三T原则"：True Man，True Love，True Money。亦即：真猛男，真感情，真金白银！

钱是不是万能的，但是还有什么比钱更接近万能？也就是说，钱，无限接近万能。

有爱，就有信念去挣千足金，然后生出更多的爱，这个世界就是爱和千足金的循环。千足金是链条，爱才是目的！

所谓新女性的独立，不是说男人给钱死活不要，非要坚持自负盈亏，那样等于残忍地剥夺了分享和给予带给男性的幸福感；新女性独立的重点在于，万一男人跑了或者破产了，女人不至于一穷二白、手足无措，自己仍然还能养活且养好自己。

大家都爱成功人士

爱清洁、身体好、爱看书、有趣、够胆、刚柔并济，以上六条至少能做到三条。以及有钱，且都是自己挣的，并且可持续发展。这样的人精儿就可以算成功人士了。

万一真有命遇到了这样的人，你的气质要能匹配他的跑车，否则没戏。就算你配他的跑车，他也得真心喜欢你，否则还是没戏。

我深深记得我第一次遇见L哥的情景。

经人引荐，我到一家高级粤菜餐厅去与主管商榷店面改良设计。谈话接近尾声，包厢门突然被打开，走进来几个人，中间一个年轻男人神色冷峻，黑色衬衫平展简洁。正在与我交谈的餐厅主管等人立即噤声纷纷起立，垂臂低头道："L哥！"身着黑衬衫的男人微微颔首，径直走到圆桌前坐下。

我马上明白来人不可小觑，于是也慌忙站起，见大家都又落座，我也随之小心翼翼地坐下。

趁主管与L哥低声交谈的时候，我偷眼打量他。他的脸修长瘦削，但气色很好，肤色白皙而有光亮。谈话间，服务员毕恭毕敬地端上一碗米饭、一碗汤、一只龙虾。L哥于是不紧不慢地在我们面前吃起他的晚餐，中间问起餐厅设计进展，向我点头微笑。晚餐吃完，L哥的手机响了，我这才真切听到他的声音。

关于评价人的讲话嗓音，我可是专业的，因为科班四年就只学了这个。我可以负责任地说，这位L哥的嗓音足以令人耳朵一亮，音质与发声堪比那些以说话为生的从业人员，胸腔共鸣好，吐字又铿锵有力。许多从业人员尚需读稿，而L哥的表达清晰流畅，逻辑性极好，我不禁在心里赞了一个。

电话只持续了一分钟，L哥平静地说了一句结束语："筹备一下，再开一家店。"然后即刻收线，起身离去，黑色衣袖只一闪，就消失在包房门口。这位L哥从入座、交谈、吃饭、打电话再到离开，堪称干净利索，一气呵成。我看得呆掉了，心下猜测我自己刚刚一定见到了传说中的成功人士。

有钱人我见过一些，但成功人士和有钱人是不一样的。我国的有钱人都是改革开放以后的后起之秀，前半生有过微时，后面也总留有微时的印迹，容易患得患失，也容易张狂聒噪。

人和人很不一样，钱财加身之后，有的人会让自己的心灵更自由，有的人则相反。如果与其作为朋友往来，会发现当人不再为生活所累，真性情反而尽显无遗，可爱之处很多。然而由于职业关系，我往往都以服务商对客户的身份面对各种有钱人，总的说来，颐指气使的多，气定神闲的少。

我尚未成为有钱人，所以眼界总是局限，不知道等到用钱都能搞得定的时候，是不是仍然能做到诚恳有礼。反正在我看来，荷包和皮相都让人觉得好看、身家和修为能双赢，才能算是成功人士。L哥当仁不让，必须入选。

一个月后，我与塔塔欢天喜地地受邀参加《男人装》杂志女郎吃喝聚会，地点在城中另一家同名高级粤菜餐厅。一进包房，我就看见一个匀净男人端坐于大桌对面，衣裳雪白，周身仿佛环绕着小宇宙——又见L哥！我一阵激动，马上小声通知塔塔注意。塔塔却又认出了包房中好几个熟人，正在寒暄不止。

终于坐下来吃饭，一大桌子人声鼎沸，穿了白衣服的L哥此次松弛活泼了好多，席间换了好几个话题，次次引得大家热烈回应。塔塔最爱打听新鲜事物，听到L哥讲到马球与滑水，简直乐不可支。听到最后，塔塔已经仰慕之情溢于言表，这下才想起问我L哥到底是何许人。我说据我猜测，这几家粤菜餐厅应该是他的吧，但是你瞧他穿衣，你瞧他聊天，你瞧他举手投足，真不像开饭馆的，多带劲呐。塔塔和我的少女之心大泛滥，埋头窃窃私语，极尽各种瑰丽的想象和猜测，对桌对面的L哥展开无限神往，再回过神来饭局已经接近尾声了。

说起来，我做小买卖，塔塔混迹娱记圈，出道以来见过各路人才，但L哥这样的形神兼备者，绝对凤毛麟角。要说娱乐明星与商业才俊，那都是经由娱乐公司和商业宣传策划出来的，而眼前这活生生的L哥，是我和塔塔在没有任何渲染暗示的情况下，自己在人堆里认出来的！怎能不雀跃？怎能不欢欣？

塔塔和我对成功人士的喜爱，由来已久，塔塔则表达得更为直接和强烈。

记得有次塔塔随一个宣传活动去了趟三亚，回来告诉我一件逗事。

塔塔到了亚龙湾，趁晚霞满天，一个人踱步到海边。看着苍茫无边的大海，难免触景生情，新仇旧恨都涌上心头。塔塔觉得过去的岁月业已过去，面对浪花滚滚，应该立下人生的远大志向。

于是塔塔见四下无人，屏足一口气，面向大海张开双臂，让海风吹拂着长发，尽情尖声呼喊道："我——要——嫁——给——有——钱——人！"

塔塔话音刚落，突然周遭响起一串回声般的刺耳呼喊："我——也——要——嫁——给——有——钱——人！"

塔塔吓得一阵哆嗦，以为见了鬼，脸都白了。再一琢磨，这回声为什么凭空多了个"也"字呢？定一定神循声望去，但见五十米开外礁石后，一个年轻姑娘探出头来，与惊诧中的塔塔坦然对望，然后咯咯地笑起来。塔塔瞬间与这姑娘成为莫逆，也忍不住笑了，最终两人变成遥遥相对哈哈大笑，直笑到塔塔捂着肚子弯下腰去。塔塔说她年老之后都会记得海边这一幕。

时代果真进步了，姑娘们都敢于面对苍天大海明目张胆地说出心中志向，且不以爱有钱人为耻。

长大懂事以后，我开始不理解为什么人们总是诅咒谩骂想嫁给有钱人的姑娘。这就好比上世纪五十年代都争着嫁给革命工人一样，姑娘都想过得好嘛，谁不想过得好啊？对有钱和有权力的男人产生更多的感情是合乎逻辑的，这好比石器时代女原始人会去挑选强壮的男原始人，因为他猎获的战利品更多，跟着他，有肉吃！

这不能粗浅定义成唯利是图，只是把钱当成一个择偶的前提大条件，跟把身高长相设定成条件区别并不大。但是除了钱，还得有文化能交流吧？还得有趣味逗我们乐吧？所以说我们最爱的是成功人士，是有钱人里的一个子集。姑娘们就这样把标准越定越高，范围越收越小，任务那是相当艰巨了。

我们也瞧不起有钱就行的姑娘。第一，如果只是看上了他的钱，要等到把这钱弄到自己名下了，才算大功告成。能赚着钱的人就不是傻子，我们觉得走上这条道凶多吉少。第二，没感情的条件下，跟人家好了就要人家给钱，属于商品交换，就没把自己当人；或者是在没感情的情况下，为了可持续发展先不要钱，又会让人觉得是竟然啥都不图就图男女关系，那不成了真淫荡，更要命。

所以说真感情和真金白银，都非常重要，缺一不可。从成功人士身上，同时发掘出这两样的概率，当然大些。

都说立志要趁早，我和塔塔就是醒悟得晚了。不知道怎么回事儿，打小就以为有钱人就等于坏人、狠心人。小时候谁家跟谁家都差不多，没有对比都觉得挺好。后来随着改革开放慢慢长大了，才觉得人有我无是一件挺失落挺憋屈的事儿。好在又被教育说好好学习考上大学就能实现心中理想，从书里看出黄金屋来。结果我和塔塔大学毕业都好多年了，人还住在爹妈的房子里呢。

除了受教育，我们也看过童话，知道除了丑小鸭可以变成白天鹅，灰姑娘也可以嫁给王子。我们心里面的小梦想，一直在暗暗燃烧。

社会主义新社会，消灭了封建贵族，当然是没有王子了，美丽善良却买不起华丽裙子的灰姑娘却还是存在的。那么新社会里，什么人能等同于王子呢？塔塔说：只是简单意义的有钱是不行的。王子是有钱，但人家王子不花主要时间来算计钱，所以唯利是图的商人是不成的；王子还要英俊有气质，有礼貌有文化，放眼望去，只有富于内涵的成功人士勉强能达到这个标准。

我的认知略有不同。我觉得王子除了有钱，还得有权有势，还能得到万民爱戴敬仰。灰姑娘嫁给王子以后，不但有了水晶名牌鞋和豪华马车，还能在城堡鲜花大阳台上像世界小姐那样微笑招手，母仪天下。我想来想去，觉得只有做江湖上大哥的女人能实现以上诸条。大哥一路从血雨腥风里成长起来，英武无比，气冲霄汉，而大哥的女人每天穿金戴银，前呼后拥，被尊称为"大嫂"。大哥人前冷酷无情，唯独人后对大嫂柔情蜜意，真正铁汉柔肠！

我所见到的L哥的手下在他莅临时那卑躬屈膝的一句"L哥"，重新唤起了我埋藏多年的遐想。

塔塔首先按捺不住，也算是工作需要，刚好需要采访当今国内马球运动的先行者和代表人物。功夫不负有心人，塔塔逾越层层障碍，终于约见L哥成功。

塔塔带着杂志社的编辑，与L哥一起从马会归来后，马上给我打电话："我爱死L哥了！"塔塔在这么短的时间内，用这么强烈的语气表达对一个异性的热爱，还是第一次。要命的是，我也一点儿不觉得恶心。

"L哥都说什么啦？"我那个急切啊，连掩饰都顾不上了。

塔塔兴奋过度，滔滔不绝："就咱吃饭那几个粤菜餐厅，算什么啊？算什么啊？人家L哥产业多着呢，那就是个点缀。工体那堆夜店，咱老去的，L哥有好几个！这也只是一部分，还有好多好多其他的产业！"

"哇！"我确实给惊着了，同时肯定了自己当初的火眼金睛，第一面就看出L哥不同凡响。

"现在L哥经常不在国内，他代表中国参与国际上的马球比赛，都拿奖了！帆船他也玩，体育类的他都成。L哥太牛了！我爱L哥！"

我也觉得很激动，这么多年来，寻寻觅觅，终于在北京地面儿上发现了一个梦中情人，还说过话，同桌吃过饭！

"而且L哥特别亲切，我们去的时候，在八达岭高速公路上，他一路讲述自己的故事，大起大落的，声音很平淡，但是特别好听，我和编辑都被迷住了，一路都心跳得不成了。"塔塔说着说着语调就变得跟少女般又细又腻歪了。我一阵嫉妒袭上心头，哼，我怎么就不在现场哪。

我和塔塔从此结成了坚固的L哥粉丝团。四处打探网罗L哥的小道消息，尤其是关于L哥的恋爱状况。我俩渐渐不爽地发现，原来L哥粉丝团人数众多，分散在京城各处美女出没的地方，而且还有当红小明星赫然在列！这也是难免的，好宝贝人人爱，我和塔塔只是站进了长长的L粉儿队伍里的俩普通姑娘，论什么都拼不过人家，强中更有强中手！

寻成功人士不成，我和塔塔退而求其次，分别开始与心地善良的准成功人士谈起了恋爱，谈兴正浓时，突然风闻L哥刚刚结婚了！

我和塔塔有点惊讶，又有点寥落，大概理解了刘德华粉丝的心路历程。木已成舟，我俩随即开始居心叵测地打听那幸运的新娘到底是谁，知情人回答说："一个挺普通的女孩，也不是特别漂亮那种的，但是很善良，很听话，很安静。"

原来如此！我们都爱成功人士，成功人士却并不一定爱我们这种类型。我们也很善良，但是不大听话，不大安静。但是总会有人爱我们的不听话和不安静，如果爱我们的人正走在成为成功人士的路上，那已经是一段值得开始的完美爱情。

塔塔幽幽地说："当初采访L哥的录音磁带我还珍藏着呢，现在我采访早都换成录音笔了，但那盘磁带一直保存着。"

L哥简直就像一个传说，而我们最终要过的，还是自己真真切切的生活。

荷包和皮相都让人觉得好看，身家和修为能双赢，才能算是成功人士。

没感情的条件下，跟人家好了就要人家给钱，属于商品交换，就没把自己当人。如果只是看上了他的钱，要等到把这钱弄到自己名下了，才算大功告成。

对有钱和权力的男人产生更多的感情是合乎逻辑的，这好比石器时代女原始人会去挑选强壮的男原始人，因为他猎获的战利品更多。

对一个人的崇拜不足以支撑琐碎的日常生活。偶像总会走下神坛，他既要谈世界观也需要吃喝拉撒睡。

不想转正的小三，不是好小三

> 小三都是执着的人，认准了才貌是自己的好，老公是别人的好，好的东西都要据为己有。但真正坚持到转正抢下阵地的小三并不多见，因为不仅仅是"敌人"不会轻易放手，往往"阵地"自己也并不想被你抢下。
>
> 即使转了正的小三，日子也不见得好过，打完攻坚战，又打保卫战，前半生做三，后半生诛三。

我一开始并不相信，像珠珠那样端庄舒展的姑娘，也当了小三。

我尤其不相信一个有爱情理想的正常姑娘，会存心当小三。当初肯定都是一个不小心，被有妇之夫拨动了心弦。

心弦一旦被拨动，那种共振是成瘾的，轻的如沐春风，重的荡气回肠，恨不能一振再振。本来正常恋爱也是这个道理，但是中间隔着一层社会禁忌，越难拨动，越婉转动听，之后真正成瘾，愈演愈烈，越陷越深。

我知道这个情况的时候，珠珠的小三之旅已经起程很久了。据珠珠说，早在她还是大学女生的时候，就已经和大光开始了交往。大光——是珠珠有一次不得不向别人提起他时，为了避免麻烦给他起的临时绰号，竟然也就沿用了七年。

七年，这一场人生大戏，真正旷日持久。

早先我自然是不认识珠珠的，但就凭她现在的性格样貌，可以想象她在大学时代，绝对是校园里巧笑倩兮、百里挑一的那一个，错不了。除此之外，珠珠人很聪明，聊天时候尽是好玩的小机关，工作起来也干净利索，有模有样。

大光也不是泛泛之辈，反正我至少在各种名目的精英电视访谈中，看见他好几次。他应该就是市面儿上常说的成功人士。

他俩怎么开始的，我不知道。但是美女英雄素来般配，这个不难理解。大光比珠珠，要至少大上十岁。十岁也不算什么，年龄当然不是问题。问题是，大光除了是珠珠魂牵梦绕的心上人之外，还是别人的老公，两个娃的亲爸。

很无奈，这个形势一定，再悱恻的剧情也就此蒙灰了。

珠珠告诉我这个秘密的时候，她和大光已经在一起五年了。这不同凡响的五年间，珠珠从大学毕业，然后工作、加班、升职、跳槽，成长为一名货真价实的都市白领女郎。如果不是因为阴魂不散的大光，珠珠和大家的经历并没什么不同。

本来，即使是当了小三的姑娘，和所有姑娘的出发点也还是一样，希望通过努力，让一切心想事成，过上美好生活。爱情当然是美好生活中的重要一环，她们很早就明白，这一环是需要去努力争取的。形式上她们被称为小三，但内容上，她们只是在实践爱情愿景，去爱自己所爱。不巧的是，自己的所爱，已经登记结婚，和别人发过了白头偕老的誓。当小三不是她们的本意，爱情才是。

据我所知，小三们很多时候过着抑郁和纠结的生活，苦，又不能为外人道。比如说，过完浑浑噩噩忙碌的白天，待到夜幕降临，人家倦鸟归巢，她何去何从？遇到姐妹结伴玩耍，互相询问恋情进度，亦是无言以对；每逢佳节，人家那边举家出游，其乐融融，唯独她孤零零回家看望父母，母亲每每叹息垂泪，逼问为何还不嫁人。

但是珠珠的生活，并不是这样的。

大光的太太为了子女教育，选择携子女长年在境外居住，反而是珠珠，多年来与大光共同生活，度过了很多个朝朝暮暮。也就是说，珠珠事实上享受了"光太"级的待遇。能令众多小三挨过漫漫长夜，痴心等待的，无非是有那么一天，有机会有权利和心爱的男人双宿双飞，共享人世繁华。这些个点滴与记忆，幸运的珠珠眼下已经拥有了，可以算是"荣誉光太"。

不完美的是，每隔半年总有一个月，正版光太要携儿女放假回家，与孩儿他爸共享天伦。可怜的珠珠不得不提前打点行装离开，让位给正版光太这个多年来从没谋面的强劲对手。而大光历经数次迎来送往、新旧交替，都能做到从容淡定，正版光太似乎从未发现过破绽。

有一回，忘了是"荣誉光太"珠珠第几次重返家园后，在MSN上对我说："告诉你一件特别不可思议的事。其实，每次我走的时候，为了故意示威，同时保留尊严，只是象征性地带走几件日常衣服而已。"

我表示同意："当然了，活该让大光自己想办法。他一手造成这样场面，让他自己收拾。"

"但是每次，我过一个月回来，我那些瓶瓶罐罐的化妆品啦，杂志啦，连内衣短裤，都竟然原封不动待在原位，就好像从来没人动过一样！"

"这样也行啊？"我觉得异常稀罕，"简直是不可能的任务！这些东西怎么记录位置？怎么转移？在哪儿储藏？"

珠珠也说："对呀，我一直猜他是怎么做到的，你说他是不是用相机先拍好存档的呢？"

我开始描述我想象中的画面："你说，他白天参加完电视采访，写完商业计划，到了晚上，是不是还得猫着腰一个一个拍照啊哈哈？然后还得鬼鬼祟祟地，捏起你那些个化妆品，再捏起各种胸罩丝袜和护垫，打包在一起，趁月夜转移啊哈哈哈！"越想越逗，我在电脑这边儿乐得直打滚。珠珠也在那边大笑不止，不知道有没有笑出眼泪。

作为一个立志坐享齐人之福的男人，需要做怎样心思缜密的功课，才能让一切天衣无缝、不露马脚，让两个"光太"瞬间切换，毫无痕迹？作为一个懂事的小三，面对这个聪明男人最合理的安排，却不得不继续忍辱负重、苟且偷生。

每当珠珠告诉我她又要暂时离开，我的脑中都浮现出珠珠那渐行渐远的小背影，大箱子还要提得歪歪斜斜、踉踉跄跄，电视剧里都是这样演的。电视剧里，正版光太一定是凶神恶煞般的中年妇女，如同很多有妇之夫向他的情人形容的那样。

有妇之夫给苦苦等待着的小三们的说法，都大同小异：其一，我和她性格不合，已经没有感情，婚姻之所以维持，是为了孩子和责任，云云；其二，我心里最重要的就是你，请给我点时间，我会把一切解决好，娶你。

做了小三的姑娘竟然都信，连珠珠也会信。

一直以来，珠珠都相信大光和她之间的，是真感情。

我并不怀疑珠珠的感情。假如这关系里的姑娘除了男人本身之外并无所图，那她对这个别人的老公、别人孩子的爸爸，的确可以说是无私的，彻头彻尾的，她认为的，爱情。

对一个刚从少女时代走来的姑娘来说，毕竟道德还离她很远，但爱情理想离她很近。她们相信：真的爱情，足以跨越年龄、种族、肤色，甚至性别，难道竟然不能抵抗一个死板的社会契约？那世代吟诵的爱情如史诗，早已经穿透了宇宙洪荒，而婚姻只存在于眼下，况且那男人的婚姻已经苟延残喘。把她的不朽爱情与一个摇摇欲坠的婚姻契约相比，有如汪洋大海之于没顶岛屿，奔腾岩浆之于干涸小溪，谁比较纯粹隽永，立见分晓。

不错，有些道理。问题是，那些个有妇之夫，及其明媒正娶的老婆，是不是也这么想的？这天地可鉴的爱情对于小三的意义，和对于有妇之夫的，会在一个重量级上吗？我想，珠珠一直是在坚守她的爱情理想，否则，她应该会更早地选择悬崖勒马。

是啊，珠珠怎么就没能悬崖勒马？为什么珠珠可以迅速厘清工作中的千头万绪，而一旦面对大光，就丢盔弃甲，低能至全无判断？

小三当得久了，为了在长期的不平衡、寂寞和憋屈中生存下来，是需要调整心态的。资深而又有文化的小三们，已经被男方和自己数次洗脑，渐渐总结了一整套专用的思维系统，可以用于自我安慰、自圆其说。本来，人的理论和信仰大多都是实用主义，拿来给自己粉饰太平。小三的主要指导理论如下：

一、天作之合论。

代表语录："于千万人之中遇见你所要遇见的人，于千万年之中，时间的无涯的荒野里，没有早一步，也没有晚一步，刚巧赶上了。"

绝对实打实的爱情至上，认定他就是那个唯一，只不过他当初性子急外加看走眼，早了一步，没等到你就先结婚了。他结婚了不假，但现在是你俩琴瑟和鸣，佳偶天成。不都说年轻人可以犯错误吗？知道错了难道不许改正吗？

二、活在当下论。

代表语录："和有情人，做快乐事，别问是劫是缘。"

这句话乍一看，相当忽悠人，至情至性到一个份上，就全不在乎豁出去了。过去已经过去了，明天谁也不知道，就活在当下怎么了？总之是完全不考虑人生的可持续发展。

但是人家仓央嘉措还写了别的，写了"世间安得双全法，不负如来不负卿"。显然仓央嘉措也没找到双全法的解决方案，他也很纠结。

三、公平竞争论。

代表语录："不被爱的那个人才是第三者。"

虽然来晚了一步，但世界上后来居上的事儿多了。感情不是按资排辈的，谁有本事，谁就把他弄到手，就让他爱得死去活来、欲罢不能；她要是没办法留住他，那是她自己的问题，本来这世界就是物竞天择，弱肉强食，适应不了一边儿哭去，别动不动老拿道德说事儿。你看安吉丽娜·朱莉，你看卡米拉，你看邓文迪，打了胜仗的转正小三，比比皆是。

只有不够深爱的小三，才不想转正。

珠珠当然一直都想转正。每一次正版光太回来探亲之前，珠珠和大光都会爆发大战，每一次都是以大光信誓旦旦的许诺结束："她这次回来，我一定提出离婚。"每一次正版光太离开，便又是一次大战，大战再以大光痛心疾首的辩解结束："看见孩子还小，不忍心啊。等孩子再大一点吧。"

有妇之夫说的，也不一定都是瞎话。如果真用七年去编一个瞎话，骗一个人留在身边，也总是因为有点真心吧。也许，大光说想离婚，说的那一刻是真的；大光说看到孩子不忍心，说的那一刻也是真的。但这都不能影响结果，大光终于没有离婚。

七年中，珠珠的绝望是一点点的，随着她的泪滴，蚕食掉她的爱情梦想，还有她的青春。每一年，珠珠的希望就破灭一点点，但她想，已经投入了这么多年，如果这时候放弃，之前的努力都将白白浪费掉。无助的珠珠像站在赌场，输了还不肯走，幻想一次回本，却只能越输越多。

在第七年的春天，当珠珠女友们的孩子都纷纷开始学走路的时候，珠珠终于流光了眼泪，离开了大光，勇敢地接受了所有的沉没成本。珠珠这样描述："突然之间，就像醒过来了一样。"转身的一刻，七年中的一切都被雨打风吹去。

这漫长的关系里，唯一的男人大光，是三个人中完全了解整个真相的人，他却只是分裂和摇摆，不肯做任何决定。他既想要家庭天伦，又想要珠珠的爱情，最终他还是只能留下一样。但是他毕竟进可攻，退可守。而正版光太，那个一直被蒙在鼓里的人，毫发无伤。

我所见，还有众多前赴后继的小三，天资远不及珠珠的美丽和聪颖，所恋有妇之夫亦不如大光长情和富有，却依然在执着坚忍，相信那男人的诺言，梦想着有朝一日能够转正。珠珠的七年尚且如此，其他的小三呢？

珠珠不堪回首的岁月早已一去不返。上一次见到她，她饱满美丽、满脸笑容，向我展示她左手无名指上那一克拉多的订婚钻戒。钻戒大得晃眼，璀璨夺目，多么华美的小果实。

总还是有身家清白的单身男人，还在茫茫人海中等着她。珠珠的眼泪，没有白流。这已经是我能想象的，小三最华丽的转身。

我不相信一个有爱情理想的正常姑娘，会存心当小三。当初肯定都是一个不小心，被有妇之夫拨动了心弦。

即使是当了小三的姑娘，和所有姑娘的出发点也还是一样，希望通过努力，让一切心想事成，过上美好生活。当小三不是她们的本意，爱情才是。

作为一个立志坐享齐人之福的男人，需要做怎样心思缜密的功课，才能让一切天衣无缝，不露马脚？

只有不够深爱的小三，才不想转正。但就算你为他已经投入了很多时间和金钱，该离开的时候也要利索点儿离开。勇于承担恋爱的沉没成本，是展开新生活的前提。

洋人也是人

中国人早先不大喜欢洋人，打从八国联军那时候就埋下了芥蒂。据史料记载，洋人金毛绿眼，眼馋我们的金银财宝，为着白吃白占而来。教科书上说，中国人民经历了好几轮反抗帝国主义的战争，赶走了要瓜分我们土地的殖民者，让他们都灰溜溜地滚回了老家。不过这都是在我们出生以前的事儿了。

后来新社会了，经济基础决定上层建筑，只要洋人能带来好处，我们还是可以与之合作的。但与洋人恋爱结婚不是涉外办厂，好处之外，一要有平等，二要能双赢。才能真正收获幸福。

我接触洋人起步算早的。很多年以前，我十四岁的时候，参加过挪威冬奥会组织的世界儿童和平节。我与另一个男同学、一个年轻女老师，战战兢兢地带着任务，离开伟大祖国。这一竿子够狠，在我对世界全然懵懂的时候，24小时之内，从北京西城机关大院一下子打到斯堪的纳维亚半岛。在此之前我只坐火车去过大城市长春。

我的同屋是俩美国女孩，其中一个是高个儿金发妞，爱笑爱聊天儿。我琢磨着，组委会一定是有心安排两个泱泱大国的儿童代表住在一起，此刻民族荣誉感和使命感都背负在我的身上，当时就庄严地下定了与美国人PK的决心。

金发妞经常主动找我聊天儿，我一直靠仅有的初中英语和坚强的意志，不屈不挠地和她交流，金发妞成为我了解洋人世界的第一扇窗。

金发妞说，她们是全州中学生报名，然后入围选手演讲，最后由公众打分选上的。我想这跟我们的过程挺不一样。我们可是经历了层层政审，并且紧锣密鼓地集训了一个月，憋着要来国际舞台扬我国威的。

可见，洋人选人，是自下而上；我们是自上而下，并且心思缜密，有备而来。这一轮，我优势胜出。

我的休息时间，基本是正襟危坐在客厅看电视，以彰显中华民族女性的求知欲和端庄贤淑。但是金发妞说："别坐沙发，坐沙发就会忍不住看电视，看太多电视人就会变笨。"因此她坐在地上看书，坐在桌子上喝水，甚至坐在窗户沿上梳头。

可见，洋人懒散，我们规矩，而资产阶级的电视内容，肯定不利于身心健康，我们的电视节目还可以寓教于乐。我又以绝对优势胜出。

临走那天，金发妞趴在沙发上抽泣，一头金发乱七八糟。金发妞说："你知道那个西班牙男生吗？我晚上要去告诉他，我喜欢他。"我很震惊。我虽说也偷瞟过那个西班牙男生，被他雕像般的脸惊呆，但不知道这个事，可以当着人哭，还可以去人跟前说。

可见，洋人早熟，且感情炙热，不以直面表达为耻。我们却是多么内敛含蓄，引而不发啊。不用说，我大获全胜。

自此，通过金发妞，我管中窥豹，奠定了我的洋人观。总的说来，洋人与我中华儿女打根儿上起就有诸多分歧，道不同，不应相与谋。

我开始密切接触洋人是在进了外企之后，写字楼的格子里，前后左右坐了好几个。除去工作，我与诸位洋人同事交流有限，但时间长了，我发现洋人队伍也分左中右。有人每天吃素跑步，有人每天吃汉堡泡吧，相差悬殊。

但凡遇到和洋人闲谈，我总感到话题干涩，勉强维持。一来由于不用母语表达不够畅快，二来总觉得气场嫌远，硬是需要下工夫才能接上，尤其体现在寒暄之后把话题引向深入的时候。气场就算暂时接上，还要在过程中刻意呵护，否则一个不小心，又难免鸡同鸭讲。尤其遇到涉及风俗和地域特点的语境，常常需要为了说明A，不得不用B来解释A的背景，结果发现洋人也不知道B，只好再用C来描述B的渊源。好不容易说清了C，已经忘了刚才说到哪儿——大多数时候，以我的英文水平，刚说到B，就已经词穷。

这就是文化差异，它真真切切存在。早在几百年前，当洋人的祖先还在英格兰放牧，当我的祖先还在胶东半岛种田的时候，就已经顽固地流淌在血液里。一只蚊子趴在洋人和我的身上，都能从他的血腥味儿里呱摸出全麦面包，从我的血腥味儿联想到大白米饭。

我觉得和洋人之间有天然鸿沟，洋人也不待见我。美国小伙Philip直截了当地告诉我说："你长得一点也不中国，你皮肤不够黑，眼睛不是单眼皮，而且太大。还有，你眼梢儿往下掉，中国人应该都是向上翘的呀？"

我也没客气："你也不像美国人哪，美国小伙应该比你高比你壮，而且你头发和眼睛都太黑！"

Philip一点都不生气："因为我爷爷是希腊人啊！希腊神话里面的人都长我这样，都是美男子！"真够不害臊的，一点都不懂得谦虚和自嘲，不过倒真够坦白，怎么想的就好意思怎么说出来。

和同事熟了，才发现有好几个女同事都找的洋人老公，我的好奇八卦之心油然而生，找到一个合适的时机，我心怀鬼胎地问女同事Kathy："你为什么嫁一洋人啊？"

Kathy大惊小怪地看着我："因为我们俩谈恋爱了呀，有感情了呀！"

"和洋人是怎么开始谈起来的呢？"我觉得开始的时候最艰难。

Kathy却被勾起了甜蜜回忆，羞涩起来了："这个呀……我那时候失恋，特伤心。他追的我，那段多亏有他，我觉得他人挺不错的。"

"那你们平常都聊什么呢？聊什么才能聊到和一洋人托付终身呢？"我的问题实在是有够八卦的了。

"什么都聊呀……我明白你什么意思了，你肯定想复杂了。其实人和人本质需要都是差不多的，都喜欢吃好睡好，有人疼。虽然表达方式不一样，但是你对一个人好，他总是知道的。这个不分中国人外国人。"

"哦。"我琢磨着Kathy的话，觉得挺深刻的。

"我也没特意嫁外国人，只是赶上了是他。不过，有一点我觉得他挺不一样的，当时我和上一个男朋友分手，喝酒，哭。他就只是陪着我，来回问我一句话：你还相信爱情吗？后来我们俩好了，他特别高兴，我过去男朋友的事，他一点没问。"

Kathy也是经历了感情坎坷的，这样的女人都特别懂得珍惜。

我想起过往，咬牙切齿："那确实是不错。我觉得好打听以前的男人特别多，你心里都过去了，他还没过去，老当个事儿惦记着，自己发狠较劲，还老说是因为爱你。"

"呵呵，对！我觉得这个可能就跟文化有点关系了。"

Kathy转身忙去了，我留在原地发了一会儿呆。

关于跨国爱情和婚姻的负面信息，也是层出不穷，都说这和肤色有直接关系。种族歧视这个词太严重，说起来又不好听，但却是个内心潜伏的魔鬼，只要存在，终有一天会以某种形式发作出来。归纳起来你会发现，那些一开始就动机不纯的恋情与婚姻，会更快夭折。比如，一方由于仰慕另一方的肤色和护照，而甘愿放弃自己的家乡与国籍，与之为伍的。靠别人的文化和护照为自己洗底，很难成功，因为肤色是永远洗不掉的，它烙在你的色素细胞里；文化也是永远洗不掉的，它早已烙在你骨子里了。自己都不爱自己肤色的人，换谁也没办法帮你。

如果有人敢歧视我的肤色，我当然会愤愤不平，不过有一件事，让我有机会换了个角度看看这个问题。

北京一直有个朝阳流行音乐节，由各国艺术家远渡重洋来献唱。朋友的朋友组成了一个说唱乐团，一行三人从纽约来。头一次来中国，也不会中文，朋友拜托我帮忙照应一下，我一口答应下来。

三人乐队由两个白人小伙、一个黑人小伙组成。他们可是货真价实的纽约说唱艺术家，穿戴着大金表、大粗链子、小礼帽还有巨型的大背心子，太黑炮（hip-hop）了！和MV里看到的人一样一样的。他们平时聊天，并不像我想象的一样用"又、又"当语气助词，其实还是挺正常的。

没有演出的一天里，我陪同他们游览了几个北京著名景点，说唱艺术家们都激动得够呛，纷纷合影留念。在全聚德吃过晚饭，我与三个小伙挥手告别，算是胜利完成了东道主的任务。

几天之后，黑人小伙返回美国，开始在每天北京时间下午3点，也就是纽约时间凌晨3点，给我打电话表白，我说："'黑炮'先生，您喝多了！"

"黑炮"先生为了证明他没喝多，开始每天发来电子邮件，内容包括对我一见钟情的描述，我俩的星座配对结果，他为我写的英文诗歌，还有他的Facebook。

诗歌实在看不太懂，我就打开他的Facebook，一看吃了一惊。原来"黑炮"先生是哈佛大学比较文学系毕业的，现在曼哈顿第六大道一著名报业集团工作，说唱只是人家的业余爱好，是工作之余组团玩耍用的。怪不得他们的歌词那么押韵呢，原来是专业写词儿的！

我承认我虚荣了，自从知道"黑炮"先生的哈佛比较文学背景，还有他的工作地点是我神往的传媒圣地第六大道以后，我觉得他好像没有那么黑了。

看我没有反应，"黑炮"先生急了，有一次在工作日的纽约时间上午9点，给我打了一个很严肃的电话，告诉说他计划再次来北京，要来看望他在神秘东方遇见的女神，还要与女神做更深入的了解。

我有点慌了，怕他真不打招呼就来，决定得和我妈说说这件事。

"妈，有个美国人追求我。"我打电话给我妈，很扭捏的样子。

我妈早年在欧洲留过学，算是开明母亲，本来也不见得支持洋人，但眼看着我成了大龄单身，也有点急了，对此事反应很积极："好啊！美国哪里的啊？"

"纽约。"

"纽约干吗的啊？"

"出版公司的，具体干吗还不知道。估计跟文字有关吧，因为他是哈佛学文学的。"

"哈佛好啊！那就先谈谈试试吧。"我妈喜上眉梢。

我沉吟了一下，为我下面一句话捏了一把汗："妈……他是个黑人！"

"啊！绝对不行！你现在就给我回家！"

我妈当真了，还竟然都想到小黑孩了，我这边已经笑岔了气。想到确实应该去看看我妈，于是回家去了。

一进家门，我妈已经反应过来我是在开玩笑，自己也笑起来。

三个月后，"黑炮"先生见求爱无望，自己消停了。临了发过来一张照片，说是我们四个在全聚德的合影。合影背景很暗，我却只看到三个人。再仔细看，最右边悬空有两排白牙，右下角还有"黑炮"先生自己做的小字标注"That's me"。哈哈哈，看来，"黑炮"先生是知道原因的。

"黑炮"先生，算是唯一青睐过我的洋人。看来即使无关肤色，我和洋人也没有缘分。Kathy对于和洋人恋爱，有一句最经典的总结："中国男人之内心最为百转千回，反复无常，患得患失。如果能把中国男人弄得五迷三道的，就有信心把全世界的男人弄得五迷三道的。"看来，我也没有机会验证了。

唯一的遗憾是，由于没有和洋人谈过恋爱，我的英文因此永远裹足不前。

这就是文化差异，它真真切切存在。早在几百年前，当洋人的祖先还在英格兰放牧，当我的祖先还在胶东半岛种田的时候，就已经顽固地流淌在血液里。

其实人和人本质需要都是差不多的，都喜欢吃好睡好，有人儿疼。虽然表达方式不一样，但是你对一个人好，他总是知道的。这个不分中国人外国人。

那些一开始就动机不纯的恋情与婚姻，会更快夭折。

中国男人之内心最为百转千回，反复无常，患得患失。如果能把中国男人弄得五迷三道的，就有信心把全世界的男人弄得五迷三道的。

嫁人只在一瞬间

> 恋爱方式具有惯性，尤其是经历过跌宕的人，老觉得只有充斥着激情和泪水的才叫"真爱"，我觉得也可以叫"真折腾"。
>
> 这个年头喧闹纷扰的事物太多，容易看走眼，反而质朴和淡定更可贵，更好辨认。
>
> 淡定以后，再看早先那些折腾，只是铺垫和炮灰而已。
> 有道是：荡气回肠是为了最美的平凡。

二十五岁以后，我们"灭绝组"成员纷纷迎来了事业上升期，业余时间开始被各种人和事占满。即使在非工作时间，小曼也要约嘉宾录节目，我要见客户谈提案，塔塔要采明星写访问，都忙得团团转。好不容易找到重合的空闲时间，我们赶紧相约玩耍，几个人一见面，气场马上瞬间对接，随便干点儿什么都乐不可支，甚觉生活饱满无缺憾。但那气场之外，我们同学朋友的喜帖，一封封寄来了。

每次拿到喜帖，我们都先犯职业病。我掂量纸的克数，再观察有没有烫金、模切等特殊工艺，以此估算定做成本，判断他们结婚有没有下血本儿；塔塔则是研究新人千姿百态的结婚照，点评摄影水平，然后说她要是结婚肯定照得比这个强好多；小曼稍微仁义点儿，一般性地问问到底那谁最后嫁个了什么人，暗自比对自己的定位层级。

挤对完人家的喜帖，观礼还是要观的。我于一个月内参加了两次盛大婚礼，新郎新娘双方的恋爱时间分别是八年和十二年，简直让我等叹为观止！怎么人家就能两小无猜那么多年呢，是怎么做到的呢？八年，世界能发生多少大事啊，连一个国家都能分崩离析，他们竟然可以坚守至今。按我们的经验，每一个恋爱里，处处是机关，处处都可以形成致命伤，简直防不胜防。八年，甚至十二年，这是一个多么绵延浩大的工程啊，两人中一方在全过程中出了任何一点幺蛾子，都会让恋情前功尽弃。而就算把这些岁月扛过来了，又得有多大的信念，才能把下面的岁月，再相安无事地过下去。

"恋爱，要谈到什么份儿上，才能足以让人结婚呢？"我从婚礼上受惊归来，问塔塔和小曼。

"不知道，没想过。"塔塔可能是真没想过。她在组里岁数最小，玩心最盛。塔塔业余时间喜欢养猫，给娃娃做衣服，外加烤点小蛋糕。她还留一个齐刘海儿的BOB头，再配上少女样的小脸儿，给人当干闺女还差不多。

"跟亲人似的，就能结婚了。你说的这对儿谈了八年，肯定跟自己人一样，分都分不开了。你养条狗八年试试？"小曼有发言权，她初恋男友就是谈了好些年，分手的时候恨不得死了一回，她养的吉娃娃，也有五六岁了。

"亲人，那可是无条件的，怎么着都行，怎么都互相不嫌弃。谈恋爱结婚的两人能无条件吗？"我问。

"肯定有条件啊，得爱我，对我好。要不然我干吗对他好啊，有病啊？"塔塔说的是这么回事。

"那得看到什么境界了。我看我爸我妈，他们就是特亲的亲人，我觉得他们没条件。"小曼说。

"我爸妈也是！""我爸妈也是也是！"我和塔塔抢着说，在攀比谁的父母恩爱上，都不甘落后。

这个话题到此没有再进行下去，显然我们还无法真正理解各自爸妈的境界。但是我们第一次从自己爸妈身上琢磨了一下婚姻，觉得那个境界是存在的，应该叫"相濡以沫"。

早几年，我们都不喜欢"相濡以沫"这个词儿，觉得听上去沉闷老朽。等到我们现在都多少经历了些波折以后，觉得温馨恬静其实也挺好的。工作就够忙够累的了，已经没有心力和时间去陪人玩撕心裂肺和荡气回肠。第二天还得起来赶开八个会，谁还敢泪奔到凌晨3点，把眼睛哭成肿桃啊？该演的剧情都演过，真不想再人为添乱，生活本身够刺激的了。

在选择男友的方向上，我们"灭绝组"的讨论还是上了台阶的。纵观前半生的教训，花心男不能要，我们不再幻想扭转其本性；鸡肋男亦不能要，我们不再乐意去自降姿态配合；大亨男也不能要，我们做不到和其他女青年坦然分享。最后，我们把目光转向了长期以来都被我们忽视的一个群体——主流靠谱诚恳男。我们简称之为"白纸男"。

白纸男，比喻该男如白纸般地清新干净，一览无余，昭然若揭。更重要的特点是，一张白纸好作画，说啥写啥，写啥是啥。

当然，白纸男最大的特点，就是如同一张白纸铺在那儿——平。平实、平凡、平静、平易近人，他们的一辈子，大抵也比较平安。但是，像我们这样看惯了层峦叠嶂的，第一眼，容易没瞅见；第二眼好歹瞅见了，又觉得看过去一马平川，没有秘密，没有惊喜，怎么都不尽兴。但白纸男自己并不含糊，他一旦看上了你，一般不会等到错过你的第二眼，就会迅速地让你知道。为什么呢？因为他是白纸呀，他简单，没有心机，不懂得以退为进和周旋，他自从喜欢上了你，就把"喜欢"俩字写在他的纸上了，昭告天下，走哪儿带到哪儿。

说到白纸男的不含糊，我是有第一手经验的。

2007年秋天，我应邀到中国大饭店阿丽亚餐厅参加一个商会活动，其实整个活动上我就认识一个人，这人是我的中学同学，高中时候就移民澳洲了，多年没见。我是奔着散播名片、拓展生意去的，当时正处于创业初期嘛，这类聚会绝不能错过。为取得潜在客户的信任，我穿得妩媚又知性，显得内外兼修、秀外慧中。

当天交通状况特别糟糕，我抵达酒店时天已经擦黑了。餐厅摆出了露天餐台，老远我就闻见烧烤香气扑鼻，连忙快走几步。

我款款地向离烧烤台最近的桌子走去，越走越近，紧跟着就看见一个年轻的西装男坐在桌子旁边，在与他四目相投的瞬间，周遭萦绕着孜然的香味儿和炭火的噼啪声，尤其令人印象深刻，欲罢不能。

我迅速落座，先后吃掉了年轻西装男递上来的三个热狗，其间对香肠连连称赞，并在两个热狗的间歇中与他交换了名片，同时了解到西装男刚由澳洲到北京某外资银行工作一年，比我大概年轻两岁，双鱼座，举目无亲，甚为可怜。

转过天来的星期一，我外出开会，助理突然打来电话。

"潇姐！有人送你一束花！"

我马上兴奋莫名："谁送的？"

"不知道！"

"有卡片吗？"

"有！"

我迫不及待："看看卡片上写的什么？"

"一串英文！好几个词我不认识，要不我拼一遍？"

"甭拼了，看下落款谁送的！"

我非常期待，静静等待助手说出那个神秘的名字。

"2。2送的！"

"谁？"

"2，2就一个字。"

"……"

为了这束突如其来的神秘花，我的会都没有开好，飞奔回办公室，抓起卡片，落款赫然写着一个"Z"字，笔锋转折处非常圆润，与"2"无异。

我迅速翻出中国大饭店活动中交换的名片，逐一比对，发现正是澳洲双鱼西装男的英文名字的第一个字母。

花连续送了一个星期，落款全都是"Z"，"2"当自己是佐罗了。

我很是纠结，"2"看上去其实挺好，目光清澈，相遇的时候每一个热狗递过来的时候都特别真诚。但是异邦长大、年龄小、主流工作者，这几项与我相匹配，仿佛都带点硬伤。

一个星期佐罗鲜花之后，"2"的邀约电话接踵而至。

"今晚一起吃饭吗？"

"今晚不行，加班。"

"明晚加班吗？"

"明晚可能加，要看项目进度。"

"那明晚不加班和我吃饭吧。"

"好的，不加班的话。"我想，大不了说继续加班。

明晚很快到了，"2"的电话如期而至。

"今晚加班吗？"

"加班。"

"加班到几点？"

"反正超过饭点儿了，9点吧。"

9点整。电话又响了。

"9点了，加完班了吗？"

"还没有，估计10点吧，肯定会很晚。"

10点整。

"加完班了吗？"

"……"

11点，与我同住的小曼回家了，说今天是谁谁生日，不由分说把我挟出家门前往KTV。路上电话又响了。

"咦……你听上去好像在外面哦。你加完班了！"

"对，我出来参加朋友生日。"

"太好了，在哪里，我去和你见面，我们可以吃夜宵。"

"哦……好吧。"

12点，我和"2"终于坐在了KTV旁边的大排档。

我顿觉饥肠辘辘。

我连忙点了几个菜，有烤腰子、羊杂汤、卤煮火烧。

吃之前，我觉得还是需要客气一下，于是将盘子推向"2"："你吃呀！"

"2"踌躇了一下，又推回来："我吃过啦。"

我还是觉得自己吃对方看着有点不尽兴，继续劝导："你尝尝，特好吃。你吃过吗？"

"嗯……那个……我不吃内脏。"

我嘿嘿冷笑一声，马上抓起一串香喷喷的腰子，和自己的脸蛋摆在一起，目光如炬地问他："你确定吗？"

"2"注视着我和腰子，年轻的面孔在闪烁的街灯下显得特别无所畏惧，清清楚楚地说："我——确——定！"

这就是典型的白纸男。

一般来说，男的都已经学会了在初期保守观望，分析猎物，揣摩自己的胜算把握，但白纸男骨子里就不精于此道，他都是把愿望平铺直叙地说出来，同时眼神不躲闪、不游离，因为他觉得爱我所爱正大光明，并不羞于让对方知道。

各种事实证明，这种男人是存在的，并且塔塔也遇到了。

塔塔与她的白纸男在今年春天相识相恋，速度快得惊人。按说也应该是这样，因为省去了不必要的周旋试探，反而节省了很多宝贵的时间。当白纸男露出真诚的微笑，已经足以打动他心爱的姑娘。塔塔从来都不是好伺候的，尤其对男性很难买账，其实我们都有点这个路子。当然不能白白修炼了这些年，心得和战术还是积攒了不少：什么时候要揣着矜持，什么时候要敌进我退，我们已经掌握了个中规律，有的规律更是百试不爽、百战不殆。我们的经验是，两个人拼智商、拼感情、拼手腕，拼到最后，总会让真心浮出水面。

但是，这些规律、秘籍和战术，在白纸男面前，统统用不上。因为他们一上来，就全是真心。

作为白纸男，他的胸怀是透明的、敞开的，他仍然相信坚强、善良这些最基本的词汇。他坦诚，愿意说出他暗处的思想、他的怀疑和纠结。他的爱情理想模式简单而纯粹，他认为努力工作、照顾女人、养育孩子，是他的天职。

即使他不是你的伴侣，他也会是你最好的同事、伙伴和战友。因为你信他，你敢跟他结成过命的交情。

至于好成这样吗？始终有人持反对意见，觉得谈恋爱结婚，始终在于有劲，白纸男如果了无生趣，空有真心也是白搭。但是如果你像我们一样，曾经被猜测和等待伤透了心，你就会明白，再多的百转千回、曲径通幽之后，人们需要的永远是午后晴好般的平静生活。平静生活需要一个温良柔软的伴侣，那就是白纸男。我们也并不是一上来就看好白纸男的，可以说是——繁华落尽空余恨，大浪淘沙始见金。

浓烈摄人的香气当然好闻，但白纸男不是这个味道。白纸男可能是遗留的淡淡香皂芬芳，而连这淡淡的芬芳也会退去，最后混成跟空气一样，无色无味，平常感觉不到，没有却不行。

空气、清水、阳光，都是这样的，世界上最隽永的生命元素，都如此简单。遇到白纸男，一切都很自然，决定嫁给他，也许就在一瞬间。

在我和小曼还没反应过来的时候，塔塔已经送来了喜糖盒。

"这也太快了吧！"小曼还是觉得不可思议。

"结婚要趁热。"我替塔塔说话。

塔塔美滋滋地靠近我说："没错，结婚要趁热，下一次，你遇到白纸男，要下狠手，麻利儿的！"

早几年，我们都不喜欢"相濡以沫"这个词儿，觉得听上去沉闷老朽。等到我们多少经历了些波折以后，才恍然温馨恬静其实也挺好的。

老人说的道理大部分都是对的，比如结婚要找个踏实顾家的男人，但是这些道理只有在谈上两三回让你遍体鳞伤的恋爱后才会明白。撞了南墙不怕，怕就怕一直没回头。

纵观前半生的教训，花心男不能要，我们不再幻想扭转其本性；鸡肋男亦不能要，我们不再乐意去自降姿态配合；大亨男也不能要，我们做不到和其他女青年坦然分享。

如果你像我们一样，曾经被猜测和等待伤透了心，你就会明白，再多的百转千回、曲径通幽之后，人们需要的永远是晴好午后般的平静生活。

空气、清水、阳光，都是这样的，世界上最隽永的生命元素，都如此简单。遇到白纸男，一切都很自然，决定嫁给他，也许就在一瞬间。

永远太远，只争朝夕

> 美好与幸福，是相对的，取决于跟谁比照。大家都喜欢向高标准看齐，所以总是容易郁闷；大家也喜欢花时间纠结于小事上的得失，回头一看才发现时间花得冤。
>
> 千金还难买寸光阴，与其营营役役，不如尽量让每一天都真正活过，因为，每一天，都是余生的第一天。

一切要从2006年春天，塔塔介绍我去《瑞丽时尚先锋》拍照说起。

塔塔由于工作关系，自然和各类时尚杂志很熟悉，她在2006年年初作为滑雪高手客串了一次《瑞丽》的模特；年中同一栏目还需要表现健康生活的模特，塔塔就顺势推荐了我。

拍摄地点选在另外一个模特的家里。那天，我提着一袋子衣服，一进门就看到一个头发短短的姑娘，年龄和我相仿，大眼睛，又瘦又白，脖子细细的，穿着颜色清淡简单的衣服。几个采访对象都已经来齐了，大家彼此简单介绍，杂志编辑告诉我短头发姑娘是今天的化妆师，叫老王。

明明和我岁数差不多，敢被人称作老王，不用说肯定是江湖地位德高望重。我连忙洗好脸，坐下来开始让老王给我化妆。化妆的时候我百无聊赖，就从镜子里观察老王，心想人家化妆师就是时尚啊，头发短得都要露青头皮了。也就是她，够白够瘦，五官又精巧，剪这个发型才好看，我万万不敢尝试。健康运动题材的妆面势必要清新自然，老王动作轻巧熟练，很快完成，末了还把我的头发绑了一个少女式的马尾辫。

随后摄影师进来了，挺年轻，看来是拍摄现场唯一的一个男的。这个男的也是相当瘦，T恤晃荡在身上，颜色和图案倒很别致。头发是烫过的，有点蓬蓬的，像陈奕迅早期的发型。他布置好照明，就很有效率地马上开工了，边举着相机边和大家轻松地聊天儿，一个一个地引导姑娘进入拍摄状态，摆出各种充满活力的样子。每捏一张，他都不忘记表扬一下模特，而且那表扬听上去特别亲切真诚，像邻居二哥那么自然。我们都给夸得乐呵呵的。

拍摄进行得很顺利，结束的时候几个姑娘已经混熟了，坐在一起开始聊天儿。老王早早地就收拾好了化妆箱，安静地坐在一旁等着。摄影师也迅速地把灯和器材整理好，拎起来就走。

一个姑娘叫住他："您这就走了啊？您贵姓啊？我们打算一会儿直接去聚餐，您不一起来吗？"

摄影师笑了："我姓张，我得回单位开会去，你们替我多吃点啊。"

我们异口同声："张老师再见！"说完互相看看笑起来。看来大家都挺了解，在电影电视和时尚圈儿，一般都把长辈、前辈尊称为"老师"，尤其实在摸不准江湖地位的情况下，在姓的后面加个"老师"准没错。

老王紧跟在张老师后面也要出门，我们又连忙叫老王，她回头微微笑说："我也得去开会。"我们只得看着她细细的小白脖子一闪就消失在门口。

杂志编辑转回头来神秘地笑："你们真够笨的，没看出来人家是两口子啊？"

"啊？没有啊？"我们都茫然。

"没看老王一直帮着支灯，打发光板啊？"

"哦，对啊？一般不都是助理干的吗？"一个做职业模特的姑娘问。

"一般拍片儿，他们两口子就能搞定，强吧？"编辑很得意。

我赶紧说："我还说呢，刚才看见他俩穿着一样的鞋。我以为是因为那个鞋流行呢。"其实刚才我就想问来着，怕人家发现我不时尚，没好意思。

"他俩情侣鞋好多双呢。"编辑说。

"那他俩真开会去啦？是不是嫌跟咱们吃闹得慌啊？"有人怀疑。

"肯定是真开会。他俩好像是搞建筑设计的，拍片儿是业余爱好。"看来编辑跟他俩也不是很熟。

"噢。"我们都露出了艳羡的神色，各人肯定都四下里对照了自己一把，瞧人家主业副业都这么带劲，还志同道合，夫唱妇随，自己跟人家差距真大啊。

过两天见到塔塔，可是吓了一大跳。塔塔不知道哪根筋搭错了，竟然把好端端的长发剃成了秃头。圆滚滚，锃光瓦亮！

"你干吗啊你！"我捶胸顿足，替她的头发扼腕叹息。

"只有我们这种天生丽质的人才敢玩光头造型哪！"塔塔一点也没有后悔的样子。

"你们是谁啊？"我倒想知道谁还能像塔塔这么胆儿大。

"老王啊！你不是见过她了吗？你拍《瑞丽》的时候也应该是她化妆吧？"

"哦。但老王不是光头啊，她是头发剪得特别短。"我想起来了。

"我不是先拍的吗？你拍的时候她又长出来了。我跟她学的，我觉得她光头特好看！"塔塔仰着小脖，充满自信。

长发已然变光头了，覆水难收，我只好细细打量塔塔的新造型，客观说不算丑，反倒显得她的轮廓特别明朗，五官更加清晰。

"还是没有老王的好看，她白，你黄；她瘦，你胖啊！"我毫不留情地说出了我的真实想法，谁让我和塔塔是好姐妹呢。

"哼，你真讨厌。"塔塔不理我了，我知道她肯定不会真生气。

过一个月杂志出来了，我一个中学女同学在MSN上问我："我看见你《瑞丽》照片啦！好看。摄影师姓张吧？他是我大学建筑系的师哥。"

"是吗？世界真小。"我记得编辑也说过，张老师是建筑设计师。

"他老婆是我们师姐，他俩是建筑设计院的同事。"

"对，他老婆叫老王，她给我化的妆呢。我觉得他俩很强！"

"他俩在我们大学是很著名的一对儿，在一起有十年了！"

"十年来一个大学、一个单位，还一起拍片儿啊！"我惊叹。

"他俩一直是摄影爱好者。老王可是他们单位项目主力，我们这行挺辛苦的，老加班，每年还得考证呢，能坚持爱好的不多了。"我同学对他俩的钦佩之情溢于言表。

2006年夏天，塔塔给《男人装》拍照片，拍完又鼎力推荐了我。

这次不一样，这次可是大片儿。编辑介绍说，一个跨页上都会是我在那儿玉体横陈，对模特身材要求极为苛刻。拍照前几天，我一直惴惴不安，唯恐身材不够有型，于是临时抱佛脚，每天咬牙游泳1000米。去拍照的路上我内心更加忐忑，心想《男人装》的摄影师，得见过多少货真价实的美人儿啊？得拍过多少气势磅礴的大模啊？我论脸蛋不够妖娆，论身材又不够有料，如果人家从取景框里看见我那僵硬的小矮个儿，会不会摇头叹息，对着电脑修片的时候，会不会忍不住骂街啊？

拍摄地点在一个高层建筑里，到了大堂，我决定磨蹭一下，缓一缓再上去。

刚开始深呼吸，看见电梯门口有一男一女提着大包小包，似曾相识。再一看，嘿，是老王和张老师！我那个激动啊，赶紧跑过去打招呼："张老师，王老师！这么巧啊！"一激动差点把老王叫成"张师母"。

他俩看见我都点头微笑，很快就认出了我。

"今天您拍？"我问张老师，希望答案是肯定的。

"今天拍您？"张老师逗我，完全没有失望和犯愁的表情。我顿时松弛下来了。

"得嘞，我帮您拿。"

电梯门开了，我去争抢老王手里的箱子，感觉神清气爽，万里无云。

我替自己高兴，也替他俩高兴。这个行业应该有不少竞争对手吧，他们夫妇只是作为爱好来做，已经做到这个级别，难能可贵。

大片儿的规模明显升级了。杂志社来了两个编辑现场指挥，其中一个好像还是领导。老王给我化妆也显得格外慎重，速度比上次慢了不少。老王还是那么瘦，但是头发长了很多，好像还做了新发型。近看眼皮儿上抹了小蓝眼影，比上次素面朝天好看许多，显得整个人清爽灵动。

老王正给我化着妆，又来了一个拍照的姑娘。我一看，心里"咯噔"一下。那姑娘脂粉未施，但是真正漂亮，眼睛又黑又大，鼻子挺直得让人心碎。

我脖子不敢乱动，只好一直斜着眼儿打量新来的姑娘。

老王发现了我眼神里的羡慕嫉妒，马上对我说："那姑娘真好看哈？你们都挺好看的，你眉毛长得真好。"老王给我刷了刷眉毛。

"我脸多平啊！我眼角还下垂！我也想要她那样的鼻子，还有吊眼梢。"我不无沮丧地嘟囔。

"各有各的好看，不用羡慕别人。你还不满足啊，要是不够漂亮能让你上《男人装》吗？"

老王说得有道理，我踏实多了。老王开始给我涂嘴唇，我乖乖让她涂，不说话了。

刚踏实十分钟，那姑娘的男朋友来找她了。哗，长得跟巅峰时期的黎明似的。拿着给姑娘买的草莓冰沙，拎着姑娘装衣服的名牌大包，一进场就嘘寒问暖，姑娘笑得咯咯儿的。

我眼巴巴地看着，不吭声。

"你男朋友今天陪你来拍吗？"老王真狠哪，一问就问到我软肋。

"我没有男朋友！"我好可怜，老王和那姑娘，都成双成对。

"眼下没有而已，这对你来说还不快。好了化完了！"老王表情淡定，最后给我刷了几下散粉。当然了，她都有老公了，肯定不担心这个。

此时老王的老公张老师已经忙前忙后地布好了灯，准备开拍，他俩时间可掐得真准，训练有素。每拍一个场景，张老师伉俪就一同讨论模特的姿势和构图，该补妆的时候补妆，该打光的时候打光。一路拍下来，行云流水。

那天大家心情都似乎格外好，一直有说有笑到收工吃饭。饭桌上有张老师和老王，还有漂亮姑娘及其男友。我把这两对都看了又看，暗暗想，如果有一天，我有了老公和家庭，我也要张老师和老王的格局，像他们那样，成为志同道合的战友兼伴侣，风雨同舟，荣辱与共，双剑合璧，仗剑天涯。

一个月后杂志出版，我翻开来一看，喜不自胜。照片里，我眉眼妩媚，身段玲珑，颇有巨星气质。我拿着杂志到处显摆，大家都夸拍得真好，说摄影师肯定是大师，我说当然是了。

我把杂志珍藏起来，跟塔塔说，一要感谢老王化妆到位，二要感谢张老师拍照传神。他俩真是天作之合，一对璧人，以后还找他俩给拍。

后来一段时间，我和塔塔都没怎么捞着上杂志的机会，倒是张老师在圈中声名鹊起，名字开始出现在更多的明星美人儿杂志上。再仔细看，摄影师名字旁边肯定还有化妆师的名字，没错，那名字当然都是老王的。

2007年秋天的一个早上，我刚打开电脑，一个MSN的对话框突然跳出来："张老师的老婆，老王，昨天去世了……"

我愣了一下，没有反应过来。再看说话人，是我的中学同学，张老师的大学师妹。

我震惊、错愕，以为自己看错了，又一个字一个字重看，不敢相信。

我同学继续打字："是癌症。"

我飞快地问："什么时候查出的癌症？我前几天还在杂志上看到她名字了啊？"

"听说有几年了，病情一直反复。他们对外没怎么说过吧。唉……"

我抓起手机打给塔塔，她的反应很剧烈，没有办法不剧烈。

这样的事情，我们一直以为离我们还很远很远。

那一次，我和塔塔说了许多话。

塔塔跟老王见面次数更多，也更熟悉。塔塔说甚至上个月还见到了她，只是发觉她越发瘦了。对啊，她那么瘦，那么苍白，还曾经剃过光头，这都是癌症患者的表现，粗心的我们，竟然从来没有意识到。

我和塔塔倒叙着回忆每一次见到老王的情景。塔塔开始难过和自责，她难过自己跟风剃了光头之后，还去给老王看，老王只是微笑地看着她，告诉她挺好。老王肯定从始至终清清楚楚地了解自己的病情，我们却从没听到过她的叹息。

老王每一次都专注地给我们的脸画上美好的颜色，听我们没完没了地诉说各种小烦恼、小困惑，当着老王那样每天面临残酷考验的人，我们竟然还好意思说！我们竟然无知到索取她的鼓励和肯定！老王才是真正需要鼓励的人，老王经历的压力与痛苦，应该比我们谁的都大。无法想象，我们当初都干了些什么啊！

突然觉得，我和塔塔，我们这些拥有健康的姑娘们，每天所讨论的减肥、衣服、挣钱、旅游、恋爱，乃至所谓人生哲理，在老王面前，都显得无比的荒诞可笑，不堪一击。

那张老师呢？现在剩他一个人了，他在做什么呢？他该怎么办啊？

我不敢想。我发现我的人生经历是如此的浅薄，前半生里，我只失去过一只猫，就已经泣不成声。失去最亲密的爱人，会怎样？真的不敢想。

我和塔塔发现，我们根本没有资格去安慰张老师。对张老师，说什么才能不苍白？说了悲痛会少一点儿吗？

我们打开张老师的博客，看见两个人甜蜜的合影照片，到某一天，戛然而止，而那一天，除了一个日期，什么也没有写。

事隔两年，又是因为拍照，我们再次见到了张老师。他辞去了建筑师的工作，专心做了一名真正的摄影师。是的，人生很短暂，为什么不去做自己最想做的事呢？我们在他的摄影棚墙上，看到一张许多鞋子的照片，每一款，都是一大一小的两双。大鞋都已经破旧了，小鞋还是干干净净的。我想起了遇到他们的第一天。

我们不是张老师和老王最亲密的朋友，我们不知道他们的十年是如何一起走过的，但我们猜测他们一定如同所有深爱的伴侣一样，许诺过永远，永永远远。

死生契阔。永永远远，如梦幻泡影，如雾亦如电。

我珍藏的那本杂志里，永远留有老王和张老师的名字。两个名字紧紧挨在一起，在被照片定格住的瑰丽光影里，莫逆于心，相视而笑。

如果有一天，我有了老公和家庭，我也要张老师和老王的格局，像他们那样，成为志同道合的战友兼伴侣，风雨同舟，荣辱与共，双剑合璧，仗剑天涯。

我们这些拥有健康的姑娘们，每天所讨论的减肥、衣服、挣钱、旅游、恋爱，乃至所谓人生哲理，在老王面前，都显得无比的荒诞可笑，不堪一击。

人生很短暂，为什么不去做自己最想做的事呢？

Part 2 | 事业篇

"先赢了再说。"

弱国无外交，女人当自强

以基督山伯爵为榜样，报复负心人所激发出来的女性斗志，真能干成不少事儿。不论起因与过程如何伤痛艰辛，人前变得更强大总是好的。而且强大之后的人，反而更容易对过往释怀。

报复与否，斗志都是好东西；有它没它，让自己争气，才是王道。

每年六月，艳姐的生日Party，我等是必须要捧场的。

我、小曼和何大人提前几天就开始煞费苦心地挑选礼物。艳姐的生日礼物相当不好选，一要彰显我们的品位，二要蕴涵我们的祝福，最重要的，是要拿得出手。

拿得出手，意味着该礼物，必须能在国贸和新光天地一层的大牌店里面看得见，或者在官网上查得着。

国贸和新光天地，我自己难得去一次，但是为了艳姐，我去了。

经过慎重的权衡比对，我选择了爱马仕的丝巾一条。丝巾图案细腻妖娆，我坚信一定能够匹配艳姐那独特的气质，我更满意的是爱马仕的包装盒和手提纸袋，那明晃晃的橙色，大老远就特别扎眼。Gucci和

L.V.甭管东西怎么样，包装是深棕色的，就只能先靠边站。送艳姐礼物，倘若旁人瞅不见，便如锦衣夜行，等于没送。

夜幕降临，我、小曼与何大人各自在家沐浴更衣，涂脂抹粉。按照我们的经验，今晚一定将是一个花团锦簇、争奇斗艳的盛会。城中各路白天见不着的漂亮姑娘都会从各种豪华场所杀将出来，把Party现场装点得杀气腾腾。我这种个矮点儿的，务必用高跟鞋找齐身高，小曼和何大人则需要用连衣裙勒出小腰儿来，还要大胆启用在灯光下强烈反光的配饰，最终做到闪亮登场，无怨无悔。

虽然我们平日都动辄以内外兼修自居，强调我们靠内涵和知性取胜，但这种关键场合万万不可掉以轻心。在音乐劲爆、小酒微醺的氛围中，没人管你是初中还是硕士学历，皮囊指导一切。所以，从头到脚，必须全副武装，我们"灭绝组"纵然人少不成气候，但输场子不能输人！

这样的大局，一定要不醉不归。我没开车，出租车司机一路上被我的香水味儿呛得直咳嗽。到夜店门口，一下车就看见黑衣黑裤的保安早已严阵以待，个个儿都别着耳麦，表情庄重地引导鱼贯而至的车辆停车入位。我一路往大门走，听见找车位的车主报的都是同一个包厢名。

"V8的客人，您请这边停车。"保安右臂挥向一排预留车位。得嘞，我也去V8，看来今天大家都是艳姐的贵宾。等我再朝那排预留车位仔细点儿看过去，倒吸一口凉气，一排十几辆车，就没有一辆下一百万的！多亏我今天没开车来，这要开来了，我是停还是不停？这不是给艳姐丢人吗？

正琢磨着，门口两侧的保安突然齐刷刷站定、鞠躬，我回头一看，艳姐仪态万方地从X6上下来了。在保安夹道欢迎中，我跟着艳姐进了V8，包房沙发上已经坐了不少人，香水味和烟味掺杂，音乐震耳欲聋。欢笑拥抱之后，我连忙递上那黄澄澄的爱马仕纸袋，艳姐双手接过纸袋，热情道谢，然后把我的礼物放置在包房一角。

我骇然发现，包房一角的礼物已经堆积如山！

我的纸袋颜色虽然算亮堂，但是架不住Fendi的纸袋是明黄色的，Prada的纸袋是纯白色的，Cartier的纸袋是酒红色的，还有Tiffany的纸袋是浅蓝色的。我精心挑选的黄纸袋刹那间就被无情地湮没，只成为花花绿绿中的一抹，而且，这一抹颜色，还没别人的面积大。

我坐下来，四下打量今天包房的布置，屏幕下方有两个圆桌面那么大面积的花束，全部由密密麻麻的红玫瑰扎成，我看第一眼还以为是俩红桌子呢。一圈长沙发前面有两个玻璃茶几，一左一右各放着一个大蛋糕，依旧是桌面那么大，其中一个还是五层的，和五星级酒店两百人豪华婚礼上的蛋糕同等规模。来宾的杯子和骰盅，围着蛋糕放了一圈儿。由于蛋糕太占地儿，酒和饮料都只好放在四个推车上，由服务生张罗着，随喝随调。服务生都特别会来事儿，艳姐刚刚用纤手拿出支烟来，马上就有服务生弯下身子来"啪"的一声给点上，艳姐脸上于是小光一闪，妖娆非常。

人越聚越多，小曼和何大人也陆续到了，她俩一进门就看见巨型玫瑰花和蛋糕，先吓了一跳，然后好不容易在欢乐的人堆儿里找到了我，坐到我身边。

"你礼物呢？"我看小曼空着手。

"我明天找艳姐，单独给她。"小曼表情有点儿诡异。

"但今天是正日子啊！"我怀疑她是没准备好。

"明天送，艳姐才能记住！你看那么一大堆，再喝多点儿，分得出来谁是谁的啊。"

"噢，是哈。"我恍然大悟，觉得小曼真机灵。按说大户人家收礼，现场都要唱礼的，现在不兴这个了，真就只能自己想办法。

音乐声突然间更大了，人群跟着欢呼扭动起来，我们想再交谈已经听不见，想站起来又怕有人抢着自己，刚好果盘来了，各自闷头吃。再抬头，发现人群已经向一侧聚拢，这才发现今天的包房里，并不是切的外场音乐，而是包房自己的驻场DJ！我们出没夜场也有些年头儿了，这么大的排场，今天还是头一次见。这下好了，今夜舞曲尽在掌握，想点什么让DJ搓什么！"来个'My Humps'，'My Humps'！"我坐在那儿嚷嚷。

接下来是当红High曲大连播，一气儿放了有十首，大家跳出了好几次小高潮。艳姐被人群簇拥着，如众星捧月，又如百鸟朝凤，我们坐着看得不真切，只见人群中央有个Chanel的发卡频频闪烁，棕色的发丝上下翻飞。艳姐跳舞我们是见过的，四肢柔韧，节奏鲜明，早先的民族舞功底可见一斑。

包房门突然开了，几个酒保拿着各种瓶子杯子进来，迅速地搭成金字塔，恭请艳姐来到正前方，然后点燃其中的几个瓶嘴，开始表演花式调酒。表演到最后一个环节，整个金字塔熊熊燃烧，火光照耀下，艳姐的小脸笑盈盈的，容光焕发。三十岁的艳姐，依然是个大美人儿。

午夜12点，DJ搓出了《生日快乐歌》，大家立刻起立围拢，帮艳姐点燃蜡烛。吹熄之前，艳姐双手合十，在众人的注视下默默许愿，我看见她呼吸逐渐放缓，面色沉静下来，纤长的睫毛微微颤动。我猜，她许下的愿，仍旧和上一次的一样。

上一次，我们去的是雍和宫。

几年前，艳姐是何大人介绍给我的新客户。据何大人介绍，艳姐在北四环附近开了一家茶餐厅，店面不小，有三四百平方米。餐厅的饮料、菜品种类丰富，生意兴隆。我第一次拜访她是在一个工作日的下午，餐厅门口竟然没有车位。见艳姐的第一面，只觉得是个标准的南方美女，鼓鼓的小脸儿，吊眼梢，身体柔软纤细，她的眼神儿很特别，谈话的时候喜欢盯住你看，异常锋利，躲都没处躲。

我为艳姐的一家新店做整体设计，合作过程中我发现，她是典型的小身体、大能量。她忙起来，能够不吃不睡，连轴转地和各种供货商谈事儿、签合同，但依然保持头脑清醒，不急不躁，战斗到把事情全部解决。新店开张之前无数琐事，她都事无巨细，事必躬亲。尤其是装修倒计时那几天，战线拉得一长，我有时候走神儿掉链子，回过神儿来再看她，仍然在目光炯炯地呵斥装修队，我顿时无地自容。

后来知道，这店是艳姐和她年龄相仿的男朋友共同开的，但由艳姐全权打理。还听说他们在一起已经五六年了。我觉得挺羡慕，两人有个共同的生意，是最好形式的志同道合。就算白天累点儿，到晚上两人趴被窝里一数钱，肯定无比快乐。我估计艳姐也这么认为，因为她每次忙活完一天，总是在店里一角坐下来，点根烟，深吸一口，然后微笑着扫视全场，徐徐吐出。

新店开张三个月即告赢利，我也觉得很欣慰，去店里和艳姐庆祝。正闲聊间，突然有一个顾客走向艳姐，与她轻轻耳语，艳姐顿时色变，我感到大事不妙。

"走，陪我去钱柜唱会儿歌。"艳姐没有看我，拿起包就走。我知道今天义不容辞。

我判断得不错，艳姐的男朋友要离开她了。其实她早已察觉，所以才越发努力地去经营他们的餐厅，为了证明她是聪明和优秀的。但她的努力显然没有奏效。

艳姐唱了一首又一首悲伤的情歌，她的音质相当不错，也更因为有真情实感，格外凄婉动听。

伤心情歌唱了一夜，第二天，我昏睡到中午，而别人告诉我，艳姐一大早就精神抖擞地出现在餐厅，检查厨房，培训员工。

几个月后，何大人告诉我，现在艳姐就剩自己一个人了，一个人管理着两家餐厅。过去有很多顾客，是她男朋友的朋友，现在也不再来了。原来她男朋友疏通好的人脉，她也要自己重新来过。我去看望她，她瘦了一些，眼睛显得越发大和明亮，神情中却找不出任何落寞和沮丧。"走，陪我去跳舞。"艳姐说，语气斩钉截铁。

也是在这家夜店，艳姐和我整夜喝酒跳舞，她一杯我一杯，她还好，我却醉了。恍惚中我想起自己和艳姐其实同病相怜，一会儿替艳姐伤心，一会儿替自己难过。艳姐后来好像反过来安慰了我，好像后来还把喝多的我拖回了她家。

第二天我在艳姐家醒来，睡眼惺忪间，看见艳姐已经站在我床边，梳洗打扮停当，清清楚楚地对我说："走，陪我上雍和宫。"

我俩在大雄宝殿前，双双许愿。艳姐说，她求的是金银财宝，我说，我求的是如意郎君。

"你为什么不求如意郎君呢？"我问。

"金银财宝不长脚，我心里有底。如意郎君有一时容易，有一世难，有了心里也还是没底。"艳姐直视着我眼睛。

"也对，你先保证金银财宝，然后有里有面儿，不怕没有如意郎君。"我嘴上这么说，但心里还是想着，都说易求无价宝，难得有情郎嘛。我的境界看样子就这么高了。

佛祖显灵加上天道酬勤，艳姐现在已经有了七家店，分布在北京四九城，旗下员工逾百人，且都训练有素，唯艳姐马首是瞻。家家店灶火畅旺，顾客川流不息，对环境菜品交口称赞，结完账不忘再把艳姐的美丽与成功口口相传。人气就是这样水涨船高，艳姐的信众越来越多，生日Party上得以高朋满座，绝不是虚名。

回顾完这一路过往，艳姐已经端着酒杯转到我们前面了。酒过三巡好几回，艳姐面若桃花："干一个呗！"

艳姐说罢仰起粉色的小脖，一饮而尽。

服务生见机连忙又给倒满。

"干一个，必须的！"我赶紧跟上，一点都没犹豫。洋酒兑饮料加冰，入口只有甜味儿，后劲儿上来再说上来的。

"这么就干了啊？一点祝酒词都没有。"小曼可能犯职业病，电台放歌之前一般先铺垫两句。

"那就祝艳姐生日快乐！永葆青春！"何大人建议。

艳姐笑盈盈地看着我们仨，沉吟了一下，再次举杯，一字一字地说："为荣誉而战！"我们仨一振，随即同时将酒杯高高举过头顶，一齐说道："为荣誉而战！"艳姐心满意足地转身，返回到欢乐人群中，马上又被包围了。

金银财宝不长脚，我心里有底。如意郎君有一时容易，有一世难，有了心里也还是没底。

先赢了再说。享受你战利品的时候，你心里可以继续愤世嫉俗。不要滥用怜悯给竞争失败的人，因为下一次也许会是你。

面子是别人给的。别人会把面子给那些坚持表现出诚实、勇敢、勤奋和靠谱的人。不以以上元素作为给面子准则的人，你也不用在意他给不给你面子。

我们是动物进化来的，即使高级也还是动物，达尔文主义一直适用。只有把自己训练成更敏捷、更强壮的动物，才能活得好点。所以懒散消极肯定不是长久之计，要是在动物世界，在金字塔底的你还这么耗着，早已经死了。

从臭跑龙套的做起

> 我们中华文明是有这个传统的，刚入行都先从学徒做起，就算学武功也要先挑水扫院子，干得好了，师傅一高兴才愿意教你两手儿，所以让师傅高兴很重要。
>
> 甭管入了哪行，甭管别人怎么说，最要紧的是干起来自己开心，这么看来，很难说是当凤尾还是当鸡头更好，要我说开心最好。

中央电视台，乃一代又一代的广播电视人才为之心驰神往的最高殿堂，威震四方。

2001年，我将从广播学院毕业，在望眼欲穿中终于迎来了我人生中的第一份差事——央视实习生。

为了这个差事，我做了些准备工作。比如考了普通话一级甲等证书，选上学院优秀干部，又争取先进入了党。同时每天朗读《人民日报》，关注时事新闻。经常观摩著名播音员的一颦一笑，琢磨他们语音的抑扬顿挫。为了在镜头前显得心胸宽广，我还请化妆师剃掉了左右眉头各一截眉毛。

中央台的演播厅对我并非十分陌生，我分别在十三岁、十四岁和十六岁去录制过各种少儿节目。尤其在十三岁参加的节目里，我客串一个小主持人，有一段五十字的台词，录制之前在家里简直背到天荒地老。当天节目的嘉宾是李修平老师，她听我说完台词，笑盈盈地对我说："你的口齿和声音都不错，以后可以当播音员。"就这么一句话，十三岁的我信以为真，等啊等，五年之后高三毕业，就去报考了广播学院播音系。现在广播学院早已改名叫中国传媒大学，为了叙述起来亲切，请允许我继续简称为广院。

播音系是个另辟蹊径的面对大众的小众学科。都说这个专业对人才的要求不是一般的全面和复杂。通过层层选拔和培养，将来输送到电视台面对广大观众的时候，要口齿清楚，要形象端正，要言之有物，要掷地有声，要不怯场，要人来疯。

我对照哪条都有差距，我说话着急了就拌蒜，面颊带婴儿肥，不关心国家大事，观点一律停留在中学议论文水平，我见了熟人说话不着四六，当众说话就扭捏失语。多亏广院复试那天我抽到的即兴演讲考题是"高考倒计时之感想"，正巧我那两天给班上出版报，从《少年文艺》里抄写了一首内容相关的诗歌，凭借着对诗歌原始的热爱我还自己吟诵了几遍，竟然大致背下来了。于是我在数位德高望重的主考老师面前，将该诗又佯装镇定地背诵了一遍。我猜一定是这首诗成全了我，让主考老师以为我非但面无惧色，竟然还出口成章、信手拈来，于是认定我是可塑之材，录取了我。

广院四年如白驹过隙，在我全然没有准备好的情况下，糊里糊涂就毕业了，就这样开始了实习生生活。刚才忘了说，我实习的第一个工作内容非常重要——给央视新闻中心播音组的各位前辈老师取盒饭。

如果是央视晚间档的新闻，比如9点的新闻，那应该在7点甚至更早就开始准备了。准备工作包括化妆、整理发型、熨烫衣物、更衣、为部分新闻画面配音、熟读稿件。盒饭就是为了晚间工作的播音员们准备的。我需要按时到达另外一个楼层发放饭盒的地方，报个数目，然后拎着饭盒回到播音组办公室，摆放在中间那张桌上的一角。除此之外，我有大把时间，可以坐在全中国最权威最核心的播音间的后台办公室，看各位老师如何游刃有余、举重若轻地准备每天的节目。因为播出安排的关系，我隔一天会见到一次李修平老师，她依然和当初一样高挑端庄，我告诉她九年前的少儿节目上她曾说过我适合当播音员，她惊讶地笑了。

实习的日子里，我每天在央视走廊里穿行，看一间接着一间的演播室和机房，门口"正在录制"的黄灯总在闪烁，工作人员们都是行色匆匆地在其间忙碌穿梭。

我都是在一旁怯怯观望，自卑感油然而生。因为我看见每一个人都在专注于他们手中的工作，根本不像我这般左顾右盼，无所事事。文字编辑们要么在打电话沟通，要么在电脑前写作；非线机房编辑对着无数按钮，操作自如，手法之娴熟叫人眼花缭乱；播音员和主持人不是正在播音，就是手握稿件正在赶往演播厅的路上。导演和导播成为我最敬仰的职业，因为他们总是看上去成竹在胸，面对一排排不同画面的监视器和外星飞船般的控制台，仍然一副运筹帷幄的样子。

那段时期，"真才实学"这个词儿一直在困扰着我。我无数次纠结于我本人可怜的"真才实学"。我理解"真才实学"应该是一技之长，并且必须是人无我有、鹤立鸡群的。一想到我除了把普通话说得标准一点以外并无过人之处，心情就十分黯然。况且在这里，一口标准流利的普通话只是最低标准。如果像一些著名主持人那般可以机智诙谐，口若悬河，也算是天赋异禀，而我尚没有机会在镜头前开口自主表达，我甚至都不知道待我果真面对镜头时能否组织出顺畅的语言。这么想来，我根本就是一无是处。

自卑的巅峰终于到来。

那一天我溜进一个机房，观摩一个非线编辑人员剪辑电视短片。

看他如何使用镜头语言和时间点来叙述情节，看到疑惑处，不禁向他请教，慢慢就该片的内容和他交流起来。这个时候该片的导演进入了机房，参与了我们的讨论。

我并不认识这位导演，正因他的平易近人心生感激时，他突然话锋一转："你刚毕业的吧？你是文编（文艺编导系）的？"

我心下一沉，立刻底气全无："我播音系的……"

"咳，播音系的啊？你们播音系的会什么啊？"导演不再正眼瞧我，把注意力集中到短片上去。

我无声地退出了机房，心情跌到谷底，无限自责。扪心自问我是否真的不会什么！同时我又很困惑，因为我依稀记得大学之前我都自诩或被称赞为是一个有才华的孩子，画画和表演也都曾四处得奖，现在看来竟不过是雕虫小技，无以为生。

几年以后，当我看周星驰的电影《喜剧之王》的时候，一下子从剧中动辄就提到的"臭跑龙套的"台词中看到了当时的自己，刹那间明白。在我一无所知、一无所有、一无所成的时候，别人如何判断和认知我的能力，给予我尊重和肯定呢？我没有成绩，别人也无从肯定，这不赖别人，也不能赖自己，毕竟自己刚刚起步，就是无名小卒。无名小卒，是必经之路。并不羞耻，谦卑就好。

这样委靡了一个月，天上掉馅饼，播音组突然派我去给每日城市空气质量配音。我终于拿着稿件，坐进了配音间，面对一扇玻璃、一盏小灯，兴奋地读出"北京，空气质量良；天津，空气质量优……"那么多省、市、自治区，每天都能念个遍，比起拿饭盒，可真过瘾啊。

又过了一个月，真正来了个大喜讯，播音组选派我和另外几名实习生开始轮班直播整点新闻。我们也终于可以像一个真正的播音员一样，风风火火地走进办公室、化妆、整理发型、熨烫衣物、更衣，然后配音、熟读稿件。同时有几个实习生参加播音，自然有比较和竞争，大家每天互看直播，点评交流，日子过得很快。

那一天，轮到我直播下午4点的新闻，我早早地化好了妆，换了衣服，配好了音，然后等着编辑给我播音稿。我拿到播音稿时距离直播还有一刻钟，时间紧迫，我速速看了一遍，正准备看第二遍，突然一阵内急，这是紧张的表现之一。我于是把稿件放在桌面上，上厕所去了。厕所回来，桌面上空空如也！我的播音稿不见了！

这里要解释一下有关新闻播音的技术内容：央视的新闻播音，播音员使用的是手动提字器。工作原理是播音员随着朗读慢慢推动手中的稿件，由垂直向下的摄像镜头拍摄稿件内容，再把稿件内容的影像投射到正前方摄像机前的玻璃板上。所以，播音员丢了播音稿，有如战士丢了枪，拿什么上场啊？战士还能赤手空拳战斗，播音员能干瞪眼吗？

"播音稿呢？播音稿呢？"我的血液瞬间涌入大脑，头皮发麻，开始哆哆嗦嗦地寻找我的稿子。此刻另外两个实习生也在房间里，都帮我找起来。

播音组的办公室不大，找了三圈没有，五分钟已经过去了，我强迫自己冷静下来思考我能做的选择：

选择A：去编辑部重打一份。

我初来乍到，应该去找谁重打？剩下时间够不够重打？被编辑部知道弄丢了稿件我会不会完蛋？

或者选择B：继续寻找。

我去厕所的两分钟里，稿子长脚了吗？自己乾坤大挪移了吗？不能。一定被人恶意藏起来了！藏哪儿了？一定还在这间办公室。如果我是她，我会藏哪儿？

我迅速地用目光扫描整个房间，走到房间一角一个纸箱旁蹲下，开始狂翻。这个纸箱是专用收集每天用过的播音稿的，已经装满整整一箱。

终于，仿佛找了一万年，我在纸箱的底层，发现了我那宝贵的播音稿！看见稿件的那一刻我激动的心情绝对永志难忘。

在离直播还有两分钟的时候，我后背汗涔涔地进了演播室，手好像还在止不住地抖，但毕竟我有稿子了。

直播很不理想，一来稿子不熟，二来人已经吓蒙，我播错了两处，其中一处的错误非常弱智。当我播报到一个特大抢劫案犯罪分子伏法的新闻时，原文是"抢劫现金三百多万元"，我竟然能昏厥到读成"抢劫现金三千多万元。"

编辑部领导从他的办公室冲出来呵斥我："你有没有常识啊？三千多万现金怎么抢？拿得动吗？这样下去我看你还是别播了！"

我望着他，突然觉得生活原来如此残酷和悲凉，张了张嘴，终于什么也没说。

后来平安无事，领导并没有真的封杀我，还是让我继续播了下去。但我已经是一朝被蛇咬，好几次做梦丢了稿子，在冷汗中猛然惊醒。有时候大白天也会突然间后怕到全身痉挛，如果，那天一念之间没想到去翻纸箱，会怎么样？我不敢往下再想。

从此我即使上厕所，都蹲在那里死死地捏住我的播音稿，做到人在稿件在！我想我是从丢稿的那一刻起，意识到一入央视深似海。虽然都说有人的地方就有江湖，但在真正的险恶江湖里，有人想让你死，你真的有可能死得很惨。当有利益之争的时候，我不犯人，人也照样会犯我！

再后来央视内部春节团拜晚会上，我代表播音组出了一个节目。节目内容就是在一首歌的伴奏下表演现场作画。我中学时候靠这个表演远渡重洋参加过挪威冬奥会的世界儿童表演，手艺还在。只不过我把抒情音乐换成了劲爆流行音乐，把小朋友手捧和平鸽改画成凹凸有致的大美人儿。节目结束时掌声热烈，我觉得终于人尽其才，美滋滋地走下台，经过李修平老师的时候，她突然对我说："我当时要知道你画得这么好，绝对不会鼓励你当播音员！"

我最终没有选择继续做播音员，而是真的从事了与视觉审美相关的领域。直至今日，央视在我的心目中仍然硕大无朋，无所不能。当我不经意听到央视新闻的背景音乐响起，常常会有时空的错觉，仿佛自己有个分身依旧战斗在新闻播音的岗位上，只是我的真身比较起来更为眼下正在从事的行业着迷。但当我再仰望央视的大楼，我可以说，我来过，我看到过，我也播过了。

　　　没有绝对公平竞争，接受这一点，然后武装自己投身到轰轰烈烈的不公平竞争中去。顺应规律而行，也是达尔文主义。

　　　当你一无所知、一无所有、一无所成的时候，没事不要去想"个人尊严"和"个人价值"这类虚词儿。一做好眼前事，二假以时日。

　　　当面对的全都是前辈的时候，你就是一个初生的婴儿，你无知但无害，最重要的是——你无瑕。"崭露头角"和"一鸣惊人"是文学作品里的修辞，你能做到让前辈看上去顺眼就是成功。

　　　没有成绩，别人也无从肯定，这不赖别人，也不能赖自己，毕竟自己刚刚起步，就只是个无名小卒。无名小卒，是必经之路。并不羞耻，谦卑就好。

遭遇潜规则

> 规则就是看演出前在售票处买票，潜规则就是看演出前在黄牛党手里买票；规则就是考试前背书抱佛脚，潜规则就是考试前拎着点心匣子去出题人家看答案。
>
> 鸡鸣狗盗也是为了更好更快地成事儿，但没潜的不一定不成事儿，潜了的也不一定就是走了捷径。

"潜规则"这个新词儿一被提出来，我第一分钟就理解了。就像我认识了一朵花的模样许久之后，突然被别人告知了花的名字，而且这名字还挺传神。

新词儿一出，人们很激动，好像大白天里突然见了鬼。人们虽然早知道世界是有鬼的，但这下总算把鬼看真切了。广义的"潜规则"，涵盖了很多种类的行业和事件，但由于天性使然，人们说到鬼，普遍喜欢艳鬼；谈到"潜规则"，也就普遍喜欢狭义的"潜规则"，就是那种粉红色的。粉红色的潜规则可以用来捕风捉影、口耳相传，适于作为佐餐的谈资，引发无数遐想，消磨掉许多时间。

大家伙激动的时候，唯有一小撮人默不作声。这一小撮人包括有能力潜别人的人，听了传言不过在暗处冷冷一笑；还包括有资本值得被别人潜，或者已然被潜过的人，牙早都打碎了，咽在了肚子里。这其中一定有许多初来乍到怀揣梦想的年轻姑娘，她们最有可能遭遇到潜规则，当然，我还是指粉红色的。

我和玮玮在大学毕业之际，就曾为了捍卫自己的人格和行业形象，与别人辩论：敢说我们这个圈儿不好、这个圈儿乱？你那都是道听途说，以讹传讹，你又不是真混这圈儿的，你怎么就知道了？再说了，就是真有，我们也永远大义凛然，出淤泥而不染，我们就不向社会阴暗势力屈服！总归是邪不压正吧？我们就不信了，做一个善良努力有实力的人，社会还会打压我们不成？

说完这话没两天，我在一个高尔夫栏目试镜通过，玮玮也被一个娱乐节目录取，我们欢天喜地地奔向了新的工作岗位。

高尔夫栏目的导演，也是该栏目的独立制片人，是个说话滔滔不绝的北京人，大家都叫他鹏哥。鹏哥个子不高，脸上总是放着光，一副创造力旺盛的样子。试完镜之后，鹏哥大大地表扬了我，告诉我先回家自学高尔夫知识，多做功课，一个月后节目筹备完成，进棚录制。我喜不自禁，觉得自己很幸运，工作来得轻松容易。

栏目组经常聚餐，鹏哥总是带着摄像与编导主力几个人东吃西吃，席间还连带开展工作会议。我参加了两次，看到整个队伍相处融洽，很是开心。接触多了，发现这个高尔夫栏目也有难处。由于是制片人承包类节目，所以节目前后的广告和冠名等，要依仗赞助商的赞助。拉赞助自然是要花工夫的，但这个不是我能够担心的事情。

除了与栏目组内部人吃，鹏哥说还要拉上我和赞助商一起吃。鹏哥说得在理：人家看到你栏目主持人的水平，才能去判断栏目整体的质量，才会有信心赞助你。我觉得我已经是栏目组的一分子，有责任义务帮助栏目组增光添彩，就义不容辞地答应了。

这一吃不要紧，绵绵无绝期。

星期一和场地赞助商，星期二和球杆赞助商，星期三和球衣赞助商，以此类推，周末无休。我吃得浑浑噩噩，胃肠颠倒，好歹总结出几条，但凡生意有点规模的人，第一爱聊天，第二爱喝酒，第三喝好了爱捏年轻姑娘的小手。而饭桌上唯一的年轻姑娘，就是我。

如果各位赞助商是妙龄帅小伙，我虽然也不好让人随便就摸了小手，但回避闪躲起来，总能算是青春风情、少年嬉戏。问题是，来人十个有十个是奇怪的大叔，而且形状各异。岁月不饶人哪，他们喝多了以后，肤色与造型就让人更加不忍直视。但奇怪的大叔们自己对此浑然不觉，仍旧吞云吐雾地侃侃而谈，说到兴奋处，混浊的眼睛还放出小光来，嘿嘿两声，鹰爪般的大手就伸将过来。我如临大敌，连忙左推右挡，大叔乐了，以为我在故作扭捏娇嗔，于是抓得更加牢固。每当这时我都用求助的目光望着鹏哥，鹏哥对此好像永远视而不见。为了栏目组的面子和利益，我一不好拍案而起，二不敢拂袖而去，只好无限屈辱地放弃挣扎，绝望地等待大叔自己攥得累了把手松开。等到终于松开，我那瘦弱的小手早已被钳得白中泛青。最恶心的是，被捏过的地方总是黏糊糊，油腻不堪，我一阵反胃，不知道大叔刚才都用这手摸过什么。

顿顿饭局超过三个小时，包房里永远乌烟瘴气，我可怜的小手被几经蹂躏，再加上肠胃不适和心灵打击，终于病倒了。

病倒第二天，鹏哥就给我打电话："丫头出来吃饭啊？"

"我病了，胃疼，我不出去吃了。"我委屈极了。

"胃疼啊？我叫服务员给你冲杯温的蜂蜜水，喝了就好了。你不能吃就少吃点，我现在过去接你啊！"鹏哥说话快，根本没容得我插嘴。

"鹏哥我真不想去了！每次我都干坐那好几个小时，特别难受。"我越发委屈。

"你怎么回事儿啊？那几个赞助商都觉得你当主持人特别好，点名让你来呢，我已经答应他们你一定来了。赶紧的，别让人家等咱们。"鹏哥明显不高兴了。

"离录像不是还有半个月呢吗？我到时候一定好好主持行吗，鹏哥？"我都带哭腔了。

"你这个丫头怎么这么不懂事！这个主持人多少人想当呢，你知不知道？摸你两下你能掉块肉吗？就讨厌你那个可怜巴巴乖乖女的样儿！"鹏哥连珠炮一样地骂我，把我骂呆了。我觉得这不是我认识的鹏哥，他当初决定用我的时候，还特意夸我气质出众来着。

看我半晌没说话，鹏哥可能觉得他骂重了，又开始软硬兼施："丫头你帮鹏哥想想，这一轮赞助谈了几个月了，就差最后一哆嗦了。赞助商说喜欢你，你就帮鹏哥个忙。到时候咱们栏目赚钱了，你也出名了，多好啊！到时候，全国高尔夫爱好者，都认识你！"

鹏哥不说这最后一句，我还泛起点恻隐之心，他一说全国高尔夫爱好者都认识我，我真彻底吓坏了。几个奇怪的大叔，我已经招架不住，全国得有多少高尔夫奇怪大叔啊！

我最终没有去赴饭局，那天以后，鹏哥也再没有给我打过一个电话。他一定会告诉别人，他挑这个主持人，算瞎了眼。

奇怪大叔们让我心惊胆寒，但比起玮玮的经历，就是小巫见大巫了。

玮玮进了娱乐节目组，没有马上做主持人，组里安排她先观察实习。玮玮并没有失望，毕竟初出茅庐，的确应该向前辈多多虚心学习。玮玮是山东人，外形属于巩俐那类的，性格大方直爽，在组里也肯吃苦耐劳，同事都挺喜欢她。

实习了一个月，玮玮觉得自己翅膀硬一点儿了，主动去找主任问什么时候能上节目。主任把玮玮上下打量了一番，告诉她："你外形条件都不错，性格也适合娱乐节目，很有发展，就是缺乏经验。"

"那您看，我怎么尽快增加经验呢？我这个月学了不少东西了，得有机会才有经验啊。"玮玮急切、虔诚地注视着主任的大扁脸。

主任看着玮玮那俩黑葡萄一样的大眼睛，悚然动容，又像是沉思了一下，然后说："那这样吧，我抽个时间给你讲一讲。白天我都特别忙，过几天下班吧，我提前通知你。"

玮玮像得了圣旨，好几天都没睡好觉，天天盼着主任的通知。终于有一天，主任给玮玮打了个电话："晚上7点，你在台西门口对面马路上等。我开车出来接你。"

当天傍晚，玮玮坐着主任的车，来到了西三环香格里拉饭店一层的酒廊。

在酒店逗留的四个小时，玮玮说让她记忆犹新，永志难忘。

两人落座之后，主任要了一瓶红酒，给自己和玮玮满上。

主任说："我们先不用吃饭了吧，反正你上镜有些胖。"

玮玮马上很惭愧，当时就暗暗下决心减肥。

主任先从玮玮的星座和业余爱好问起，玮玮觉得这是主任知人善任的表现，都认真回答。主任再问起玮玮的恋爱情况，玮玮怕主任嫌弃她没有全心扑在电视事业上，有也说没有，主任满意地笑了。

不知不觉，第一瓶红酒喝完了，主任又要了一瓶。第二瓶快见底儿的时候，玮玮依然脸不变色，神采奕奕。

主任有点诧异，心虚地问玮玮："你们山东人，女的也都挺能喝的吧？"

"那也分人哈。我妈原来不能喝，都是被我奶奶练出来的。"

"你奶奶？"主任惊了。

"对啊，我爷爷去世以前，他们老两口每天都烫壶烧酒喝。我爷爷去世以后，我爸特忙老不在家，我妈就陪我奶奶每天继续烫烧酒喝。我妈要不在家，就是我陪我奶奶喝！"玮玮继续眨着她那毛茸茸、黑葡萄般的大眼睛。

主任汗都下来了。千算万算，没算出来今天约出来一个小酒腻子。主任有所不知，一瓶红酒根本不是玮玮的量。她没被放倒，主任自己先倒了。

主任是真晕了，但是他看到玮玮脸上多少有了点红晕，又燃起了希望，正好将计就计。

主任用的是苦肉计，东倒西歪地说喝多了开不了车，一动就晕，让玮玮帮他就在楼上开个房。

房也开了，主任也被扶上床了，躺在床上刚只捏了玮玮的腰一下，冰雪聪明的玮玮，瞬间就明白了。

"主任！主任您好好休息，我回去了。"玮玮没等主任说出下一句话，噌地抓起包，从香格里拉酒店落荒而逃。

自然，我没有当成高尔夫主持人，玮玮也被迫离开了娱乐节目组，就业迫在眉睫，我们都来不及悲愤就又奔向了下一个工作岗位。但从此学聪明了，进组先察言观色，然后默默地采取战略防御。

就这样，我们和潜规则初次相遇，有惊无险地擦肩而过。但我知道，躲得掉是因为我们都有退路。这扇门关上了，我们自知可以再去敲别的一扇。而有的人是躲不掉，或者不能躲的。

如果你走的是华山一条路呢？假如你是个天生美人坯子，但是家境贫寒，全家都指望着有朝一日靠你鸡犬升天。于是孝顺的你从十五岁就立志当女明星，起早贪黑地练功。但是偏偏运气欠佳，熬到二十五岁，才混上了一个三流电视剧女配角。这时候一个知名导演偶然发现了你，说你条件和感觉都不错，是可塑之材，还说考虑启用你当一部大戏的女主角。只是——话里话外要跟你潜规则，考验你的时候到了，你潜还是不潜？

当然，你也不傻，知道潜了也不一定真让你演，但是如果不潜，就一点机会没有，你前半生的十年投入就继续将付诸东流，你家乡的老母亲依旧眼巴巴地盼着你的好消息，却不知道你要哪天才能熬出头——如果把你逼到这个份儿上，你潜还是不潜？

设身处地地想了想，我觉得，太纠结了。

没经历过人家的境遇，就没有资格不齿和唾弃人家的选择。只应该庆幸自己没有走上那条血雨腥风的路，当然，爹妈要是没给那模样，想走也没资格。关键在于，走之前要想清楚那未来的代价，一旦走起来，就是逼上梁山，青春只来一遍，很难回头。

在一个通过交换运转的世界里，人人非得用自身所有的去换自己没有的么？我看到一拨又一拨的姑娘，怀着梦想走上征途，我听见一个又一个关于粉红色潜规则的故事，依然在世间流传。他们说潜规则已经是客观存在，我说那么祝她们幸福。如果毒药是药，潜规则就是规则。

前半生已经尝够了惨淡生活的苦头，现在机会就在眼前，信念稍微转动，也许就可以改写自己和家人的历史。能力和机会现在给了你，你是要立马兑现还是要坚持信念？这个思考过程一定是纠结的。

没经历过人家的境遇，就没有资格不齿和唾弃人家的选择。

但走这条路之前要想清楚未来的代价，一旦走上这条路，就是逼上梁山，青春只来一遍，很难回头。

如果毒药是药，潜规则就是规则。

该做的事 vs. 爱做的事

> 职业人生有两大纠结，第一个是收我的工作我不爱，第二个是我爱的工作不收我。
>
> 其实，第一个纠结很可能是暂时的，眼下的职位和收入我是不爱，但给我管理层当当我可能就爱了；第二个纠结很可能是片面的，爱个表象不能算真爱，好多工作都是表面光鲜，等真正做了，发现不过如此。
>
> 哪行都有人出人头地，都有人一穷二白，其实真不在行业，而在于人本身。

说渔夫的最高理想，就是挣到足够的钱之后退休，在沙滩晒太阳；说园丁的最高理想，就是挣到足够的钱之后退休，在花园喝下午茶；以此类推，绝大多数人的最高理想，就是努力干着眼下的活儿，攒够钱，尽量能早点儿退休，然后去做自己爱做的事。

看来，爱做的事，往往不挣钱，挣钱的事，往往不爱做，二者很难兼得。偶尔听说有谁正在做着爱做的事同时又挣到了钱，人们都不免一阵羡慕，却又听到这个人语重心长地劝说大家：千万别把爱好当工作，否则，连爱好也祸害没了！

能赚钱的爱好得属于钻研型爱好吧，比如画家、手艺人、古董贩子、天才程序员，他们天赋异禀，沉迷其中，一来二去还真干了这行，算祖师爷赏了饭吃。

绝大多数人的爱好都是消遣型爱好，包括吃香的喝辣的，看看小说，打打游戏，游山玩水，观赏俊男靓女，饲养猫猫狗狗。虽然沉浸其中的时候也挺投入，但消遣的无非只是皮毛，要真能玩出花儿来了又是另外一码事，不得已还只能仰仗于爱好之外的工作养活一家老小。

按说，人只要不碍着别人，想怎么过都可以，但是眼下社会模式就是竞争型的，人总得先求生存，再求发展，先保证经济基础，再张望上层建筑。哥们儿里要有个不上班玩摇滚的，都被认为是不务正业，本来不颓，也生生被人说颓了。大环境是个发展中国家，就要求人人顺应时代，力争上游，以奋斗为荣，总之踏踏实实做一份工作，是该做的事。

心里知道是应该做的工作，但是做起来却不舒服、不痛快，甚至因此怀疑自己的人生，时时有离开另起炉灶的冲动，是很多很多人的纠结，包括我和小曼。

我比小曼大两岁，自然比她早两年大学毕业，也就比她早两年开始纠结。

为什么纠结呢？我怀疑我入错了行。

当年考播音系属于无心插柳，再加上少女的虚荣心，觉得上电视风光有面儿，憋着想红。

但是广大略有姿色的青春少女都憋着想红，造成播音主持专业越来越火，严重扩招。等到毕了业，才发现岗位有限，僧多粥少。资源一匮乏，就容易滋生各种手段的恶性竞争。我在全然无知的情况下被推到竞争惨烈的大门口，一下子就被这个阵势吓蒙了。面对人前人后，真枪实弹，我意识到要在这条路上爬到光明顶，估计凶多吉少，除非下狠心拼了，否则我可能不灵。但科班都已经读完了，为干这行溜溜儿准备了四年，刚刚浅尝辄止，就断言不喜欢，是不是太幼稚草率了呢？于是我再勉强隐忍了半年，一忍再忍，终于还是决意转行，逃离了电视圈。

两年以后，小曼毕业了。

据我所知，小曼虽然生得高挑结实，但对运动并不比其他姑娘更热衷。从小我们两一起玩过的球类项目仅限于羽毛球，叫得上名字的运动员也屈指可数。当我听说小曼进入了广播电台工作，做体育节目的主持人和记者，先吃了一惊。

小曼工作几个月后，我发现她的脸色有点憔悴："你是不是特累啊？"

"累啊！我都快累死了！每天清晨5点就得起床，雷打不动！"

"披星戴月啊！这么早起还得多久？"我觉得如果让我这样一直下去，是不可想象的。

"我不知道，这要看台里安排。反正早晚各一班节目，每一天都觉得特别长。"

小曼的语气透出疲惫，我刚在想日复一日的工作会蚕食掉人的锐气，小曼又说了："但是我得坚持下去！都得从一开始做起，还早着呢！"

"你喜欢吗？"我想起我两年前的纠结。

"刚出来做事，非要挑自己喜欢的干，那就什么也别干了。重要的是你上路了，然后一直往下走。"

"不管方向吗？"我继续想着我的纠结。

"谁一开始就能确定自己的方向啊！走走看，摸着石头过河，总比站那儿不动强。"

我点头："嗯。对哈！"顿时觉得小曼比两年前的我坚强。

"这就好比你是个小雪球儿，林海雪原上有一个起点，你拿不准自己应该朝哪儿滚。但是你不妨先滚起来，反正到处都有雪，滚到哪儿都能让自己变厚。你也许绕远儿了，或者后来发现方向错了，但是你终究强大了，最后变成个大雪球。变大了以后，再往你想去的地方滚，总会快一些。"看来,小曼是深思熟虑过的。

"这叫'雪球原理'?"

"对,'雪球原理'!我发明的。"小曼眼里又放出光来,看来她的锐气没有这么容易被挫败。

"你什么时候想出来的?"我从来都对思维过程感兴趣。

"累到想哭的时候。"小曼笑了。

我从电视圈转行到公关公司的第三年,又开始纠结了。原来,爱做的事做久了,也会慢慢变成该做的事。美景纵然好,看上一千遍,也开始变得司空见惯。我想起小曼说过的雪球原理,随着雪球的变大,可以随时再次调整方向。人有了见识和历练,爱做的事便变得不一样了。也就是说,定期纠结是很自然的,代表我成长了。

我在茶餐厅见到小曼和她的朋友,电视里正在直播NBA比赛,他们一边观看一边展开热烈讨论。

小曼竟然轻易就可以叫出每个球员的名字,对技术特点和赛季表现也如数家珍,我在一旁听得瞠目结舌,一句话也插不上。

比赛终于结束了,小曼才望向我。

"你好强!"我代表外行对内行表达由衷的赞叹。

"废话!我每天就干这个的!"

"我是说你下了班还能聊啊,你已经有瘾了。"

刚才小曼的样子宛若一个标准NBA粉丝,我恍然觉得都不认识她了。

"你是不知道,体育这里面特别有意思。天天都在论输赢,绝对是浓缩人生。"

小曼略显得意,因为体育,她知道了很多我不知道的人生秘密。

离开公关公司第三年,我的纠结再次阶段性大爆发,开始自己鼓捣创业,租办公室,订家具,招员工,一气呵成,完全不知疲惫。我多年来的愿望——用自己的审美和创意做成产品,被认可,再卖成钱,竟然就这样一一实现了。我谈客户，演示讲解PPT，手绘线稿，写策划案，写庆典串词，甚至给宣传片配音，几个项目下来，不得不用尽浑身解数。之前在电视台和公关公司经历的一切都仿佛被串起来，一点没浪费。我这个雪球东滚西滚，虽然一度方向不明，但哪里的雪都沾了沾，还是不可避免地强大了。

小曼那边更加强大，因为2008年北京奥运会来临了。

小曼的车前挡风玻璃后立着奥运会场的通行证，身上挂着奥运会记者证，背着一个超级双肩大背包，里面揣着笔记本电脑，无数赛事资料、干粮和录音笔，风风火火地往来穿梭在各个赛场。

对一个现役的体育记者和主持人来说，能被派往中国人民翘首企盼的北京奥运会现场，真是千载难逢，还有什么比这更好的机会呢？当我们在家看着现场直播，为中国队夺冠欢呼雀跃的时候，小曼全都在亲临现场见证，坐得离选手要多近有多近。并且在比赛结束后，能够径直走到奥运冠军跟前儿，理直气壮地把麦克风杵到冠军鼻子底下，还能跟他有问有答。我们真是羡慕得抓心挠肝的。

整整一个月，小曼如同人间蒸发，不是在奥运赛场，就是在前往奥运赛场的路上。车辆限行的日子里，我数次打车，都遇到司机正听着小曼的直播节目。我想，小曼的声音一定陪伴过在路上的无数人，陪他们奔向人生的下一站，迎接晨曦和华灯。后来听说，奥运期间，小曼的节目成为全台收听率的第一名。我觉得那是小曼应得的，那是从她还是一个小小雪球的时候，累到想哭的时候，就埋下了伏笔的，她一路下来没有停过，坚持做好该做的事，才有今天。

我和小曼毕业于同一所提倡精英教育的中学，毕业于同一所是人就憋着想红的大学。从儿童时代起．我们就被教育要出类拔萃，一心想着走精英路线，于是被自己的期许所累，却不知道甘蔗不能两头甜。

最误导人的莫过于各种媒体报道中充斥的精英言论。

精英终于挨到出人头地，面对媒体侃侃而谈介绍经验，说一路上所到职场各处，无不所向披靡，前面的苦楚都已经云淡风轻。先做好学生，后做好员工，一则思路开阔，二则贵人提携，再假以时日云云。听者不禁心动不已，当下纷纷发誓要成为精英第二，殊不知，精英前后所事的三个东家，员工加起来小十万人，却只萃取出这一个人精儿。其他人呢，当然还是在精英接受采访的时候，伏于案头默默无闻辛勤地工作，一将功成万骨枯。

　　其实精英本人，还不是在演播室灯光熄灭后，迎着冬日的凛冽小风奔回案头，为了明天还要继续在人前做好精英的本分，只有更加辛勤地工作。

　　我们开始出来做事以后，渐渐明白父母前辈常在耳边提醒出来做事要"脚踏实地"并非是老生常谈，而是根本就没人给你能飞起来的机会，"脚踏实地"不是个态度，而是你仅有的选择。有了愿望，也没有翅膀；有了翅膀，也没有高度；有了高度，也没有好风。再说就算精英本人，能飞起来的时候也很有限，更不要说刚起步的无名小卒。天时地利要靠慢慢酝酿和耐心等待，这期间要么如小雪球慢慢滚将起来，要么呆立原地一无所有。大多数人还是会选择往前滚的，毕竟多少都是积累。只是，在前进中，会慢慢忘了自己的初衷，被琐碎平凡的日子磨掉了斗志。

　　我的公司开张两年了，我终于做了自己爱做的事，但过程不全是美好与激情，甚至，大多数时候都不是。我依旧难免要和客户周旋撕扯，斗智斗勇，难免努力了仍然不被理解和承认，最可怕的是，尽心尽力做下来的项目，最终却血本无归。但是我不再纠结了，因为我知道事情就会是这样。不爽、纠结、追求、满足、再不爽，循环往复，这就是生活的真相。

　　"我的工作最吸引人的地方，是在我说话的同时，有那么多陌生人正在倾听。我的每一个字，都是会发生作用的。"小曼说。

"哪怕我能在言语里，间接告诉听众我所相信的东西，也是有效果的。"小曼还说。

"我要告诉听众，依然要相信坚强、努力、善良这些美好的东西。只要有人和我共鸣，我的节目，就有了美好的蝴蝶效应。一切都值得，我爱我的工作。"小曼如是说。

任何工作，无论你满意与否，都值得汲取，都将成为你眼界的一部分。等到对此中种种你都有一套独立见解并游刃有余的时候，你已经今非昔比。哪有十全十美？一份工作的利与弊永远都是捆绑销售的，热爱某一行的含义，在于既爱它的激情和理想，也爱它的煎熬和沮丧。

刚出来做事，非要挑自己喜欢的干，那就什么也别干了。重要的是你上路了，然后一直往下走。

好比你是个小雪球儿，林海雪原上有一个起点，你拿不准自己应该朝哪儿滚。但是你不妨先滚起来，反正到处都有雪，滚到哪儿都能让自己变厚。你也许绕远了，或者后来发现方向错了，但是你终究强大了，最后变成个大雪球。变大了以后，再往你想去的地方滚，总会快一些。

人有了见识和历练，爱做的事便变得不一样了。也就是说，定期纠结是很自然的，代表你成长了。不爽、纠结、追求、满足、再不爽，循环往复，这就是生活的真相。

根本就没人给你能飞起来的机会，"脚踏实地"不是个态度，而是你仅有的选择。

假如理想没有照进现实

市面上的成功学与励志书里，有两个论点我特别认同：第一要一门心思认定"我能"，这叫做心理暗示；第二是确定了计划后要一点点按时间进度实现，这叫做时间管理。

即使做到最好，也只能无限接近理想而已。能实现的那叫愿望，理想就是用来照耀人生的。

理想这个东西，通常在人生早期就会埋下种子。比如我的理想雏形始自七岁，是在我爸的引导下建立的。

我自从小学一年级，就告别了无忧无虑的童年。我那威严的爸勒令：放学后必须准时回家，回家后必须伏案学习至上床睡觉，雷打不动。晚饭后，楼下小朋友玩耍的欢笑声总会飘进小屋，扰攘得我抓心挠肝。一年级期末考试结束后，我终于鼓起勇气向我爸提问："爸，那谁家小谁小测验总得四分，还有谁谁，老得两分，为什么他们放了学都可以出去玩？我回回得五分，为什么我不可以出去玩呢？"

我那威严的爸一定暗暗惊讶于我竟然敢于质疑他的规则。他不动声色地沉吟了一会儿，做出了对我的整个人生具有决定性意义的早期教育，他接下来这样说道："好，我告诉你，为什么他们学得很差也可以玩，你学习好也不可以。那是因为，他们长大以后都是平凡人，你是要成气候的！"

我当时虽然还不大明白怎么样才叫成气候，但单就我爸那凛冽的神色和掷地有声的预言，已经把我深深震慑了！自那一刻，我就在幼小的心里定位和认同了自己的发展战略。

许多年以后，我明白了我爸的教育方法叫作心理暗示。从我这个案例看来，心理暗示对人类行为的影响，简直大得超乎想象。

在我爸的教导下，我自然而然就认同了如下逻辑：如果我力争上游、出类拔萃，那是应该的；如果我懒散懈怠、碌碌无为，就辜负了我成气候的天然使命。

我的荣辱观从七岁起就已经泾渭分明，所有事物都能够被一分为二地看待——那就是有助于成气候的，以及有悖于成气候的。一个七八岁的小孩儿，竟然动不动就学会审视当下，人生一有进展就沾沾自喜，一遇阻塞就愧疚悔恨，唯恐出现偏差，不能成长为命中注定的人才。花无百日红，学习再好，总有掉链子的时候，一掉链子我的情绪就灰暗沮丧，就暗暗不服。

回忆起来，我在整个少年时代，都是一个好战、喜胜的小姑娘，玩耍时候亦内心不得放松，时刻充满紧迫感。

这份紧迫感真是跟随我太久了，具体来说就是总觉得会的东西不够多，不努力小跑就跟不上大部队，这是往差里说。往好里说就是总想在人群中鹤立鸡群，熠熠闪光。求学时期就表现为考试好争个前几名，大合唱的时候老想当指挥，谁说哪个女同学漂亮我就暗中观察揣摩比对。

现在分析事物动辄提及童年阴影，在此也有必要提及我的中学阴影。因为一直到高中之前，我都对"假以时日，我终将成气候"这件事深信不疑。

我的中学叫北京八中，是一所著名的市重点中学。我家当时住在二环枢纽西直门，八中在复兴门，方圆一里内还有实验中学、三十五中，这些也都是西城区有头有脸的重点中学，是八中升学率的竞争对手。我每天会沿着西二环的辅路由北向南，骑15分钟自行车上学。

在高三那年的一个早上，我和平时一样捏闸刹车，单脚点地，停在复兴门立交桥北面的武定胡同十字路口等待绿灯。我前后左右布满了上学的男生女生，多如过江之鲫，他们和我一样风尘仆仆，面无表情。

人群之中，不知道那时我的心念怎样一转动，整个人瞬间被一种巨大的惶恐吞没。直让我后背发凉，心惊胆战。

我突然发现，从七岁起就孜孜不倦读书到今天，十年寒窗都过去了，我却还依然湮没在无数前途未卜的学生当中，在立交桥下等待红绿灯，像等着自己的命运。我曾经沾沾自喜的童年，自以为和大家有什么不同，还不是在众生（对，我当时就是想到"众生"这个词）中间继续挣扎。虽则身在重点中学，但在以后的种种人生测验里，只要稍有闪失，在任何一环上掉了链子，我就会更加惨烈地跌回到"众生"的深渊里。莘莘学子，熙熙攘攘，浩浩荡荡，什么时候才能出头？

我第一次怀疑，我能成气候这件事，只是我爸望女成凤的一厢情愿。

几年之后，第一次看《霸王别姬》，我在小癞子身上看到了我当年那种惶恐和绝望的重现。对，还有绝望，一个少年面对未知人生和难以企及的偶像的巨大无力感。

小癞子第一次溜入戏楼，终于看到京剧名角儿的时候，不可抑制地泪流满面，小癞子说："他们怎么成的角儿啊？得挨多少打啊？得挨多少打啊？我什么时候才能成角儿啊？"

不同的是，小癞子是看到了活生生的"角儿"而震撼和绝望，而那时的我并无真切偶像，只是恐惧湮没，只怕最后成了我爸所说的"平凡人"。

好在《霸王别姬》里，师傅还说了一句话："人得自个儿成全自个儿！"

那天的惶恐过后，高考迎面袭来，我决定自个儿成全自个儿。几个月后，我考进北京广播学院播音系，漫长的暑假结束后，我终于神清气爽、踌躇满志地步入大学校园。

开学不久，我很快就发现，我以为跳脱出了一个湮没的"众生"，又投入了另一级世界的"众生"里去，离成气候还早着呢，路漫漫，其修远兮。

由此可见，我要成气候的早期理想，受我爸的影响而种下，早已贯穿了我的前半生。多亏有了这个自我暗示般的理想，否则我天性中的自由散漫过早地开枝散叶，我今天的境遇就很难说了。

我工作几年重返校园读了研究生，年龄大得足够做本科生的小姨，几次遇到临毕业的青春男女们幽怨地向我发问："理想与现实差距太大怎么办？"理想的美好总是与现实的残酷相提并论，听得多了，好似一对反义词。

我一般都如是回答："理想和现实能没有差距吗？"

当然我还会加以解释："我们国家都建设了六十年了，最高理想也依然没有实现啊！但是我们国家早就提出了现阶段的任务和N个五年计划，分段儿五年五年地实现。理想嘛，当然高高在上，先拟定一个现阶段的任务比较可行。"

他们听了，大多都似是而非地点点头，心事重重地走了。

我这厢望着他们年轻的背影，还在因心虚而暗暗流汗。

人之患在好为人师，毕竟年龄一大把，好歹证明我没有虚度，总要故作姿态讲一讲道理。但我心里可是清清楚楚地知道，我也才刚刚摆脱前几年的纠结困惑，刚撇下书本一脚踏进红尘那两年，俯仰皆是理想与现实之争，日子当真不好过。

我是后来才明白，所谓理想职业与理想伴侣等只是个具体化的载体，人们终极追求的，是附着于这载体上的理想生活方式与心理状态。通俗点儿说，活的就是个得到后的心情。

但在想通这个逻辑关系之前，对理想职业的选择，首先就要了我的亲命。

上了广播学院以后，我以为人生职业大局已定，日后无论在哪个电视节目中露脸，总是衣冠楚楚、义正词严。人前衣着光鲜，人后面子给足，这份职业不能再理想了。不料大学一年级跑去小剧场看了一出萨特名剧《死无葬身之地》以后，回到宿舍竟然彻夜失眠，无限懊恼自己选错了专业。

在此之前，我不知道除了对人之外，对职业也能一见钟情。并且一见钟情的症状同样表现为当即心跳加速、血压升高、瞳孔放大，恨不能早早相逢，立时三刻拥为己有。

我当时坐在漆黑的观众席里，看布景结构，看灯光变幻，看话剧演员们铿锵有力地吟诵台词时，起了一阵阵的鸡皮疙瘩，感觉强烈而奇异！那感觉是懊恼与激动混杂，总之认定一生的志向理应在此，我应该生活与战斗在话剧舞台上，不是做导演，也应该是演员，不是演员，也至少是美工吧！

接下来几个月的播音系专业课，我都上得有气无力，只觉得照本宣科的新闻稿干涩不堪，极大地抑制了我的创作激情与自由灵魂；而冰冷坚硬的摄像机也令人难有对象感，远远不能与剧场那一双双热切的眼睛相提并论。

上课下课是身不由己，但有空我就跑到各小剧场和中戏去接受艺术熏陶。那一年是孟京辉《恋爱的犀牛》首场，我足足看了三遍，可以大段声情并茂地背诵剧中经典台词，并把剧本翻得烂熟，对其中精彩的人物设定醉心不已。

现在看来，我的所作所为绝对是一个十足的文艺女青年，文艺女青年的特点就是少时有些许文艺积淀，恰逢荷尔蒙旺盛的思春期，无限的遐想与激情不得其门，遂寄情于诗词歌赋，显然近几年的文艺女青年都特别青睐戏剧。

当然我的戏剧理想之帆最终也没能起航，或者说当我在大四意识到所从事职业至少需要养活自己的时候就彻底搁浅了。但那几年文艺女青年的追求让我搞清楚了一件事，那就是我相当热爱自由的灵魂，同时我又相当热爱战斗的生活。我的理想便是鱼和熊掌能够兼得。

如今《恋爱的犀牛》已经上演了将近十年，历次版本我都没有错过。到2009版的时候，我依然能够默默地和演员一起背诵下全剧的经典台词，而内心不再有一点点波澜。

虽然如此，我并不认为我的理想遭遇了破碎和陨落，我憧憬中的自由与战斗之灯塔依然高远而明亮，职业类别只是数条船中的一条，一条船不起航，转乘其他船仍然可以挂起风帆，带你驶向彼岸。

至于后来我的职业选择，确实真切地反映了我的理想：为了自由灵魂，我放弃了做新闻播音员；为了战斗的生活，我成为一名私企小老板。现在看来，一切都不是偶然的，不是际遇和凑巧，而是我为了理想做出的选择。虽然今日，我依然距离理想状态相去甚远，但我已经走在路上了，一天即使前进一厘米，终归是越来越近。

追求理想有点像夸父追日，看得见却追不上，但不知不觉追出了百多里，回身一望早已有了可喜成就。理想当然要够远大，否则轻易就实现了未见得是好事，事成之后再无惦念之目标会有点沮丧，拔剑四顾心茫然；理想又不能够太过梦幻，夸张到走外太空和神话路线，根本就无从下手实践，令人完全没法有念想。因此好的理想，还是需要量身定做的。

"现阶段任务"，不是空穴来风，我的确是这样走过来的：设定一个目标，抓紧忙活，直至把目标踩在脚下，然后再定一个。循环往复，以此为乐。

　　同样是抱怨理想没能实现的人，却可以选择两个截然不同的状态，一种是背道而驰，一种是走在路上。如果选了前者，就只好渐行渐远，切莫怨天尤人；如果选了后者，我十二万分地支持你，理想总要用现实一寸寸地走出来，不积跬步无以至千里。暂时没实现的理想，只有到临终前，才有资格说它破灭了。

　　所谓理想职业与理想伴侣等，只是个具体化的载体，人们终极追求的，是附着于这载体上的理想生活方式与心理状态。

　　理想当然要够远大，否则轻易就实现了未见得是好事，事成之后再无惦念之目标会有点沮丧，拔剑四顾心茫然。

　　设定一个目标，紧忙活，直至把目标踩在脚下，然后再定一个。循环往复，以此为乐。

　　同样是抱怨理想没能实现的人，却可以选择两个截然不同的状态，一种是背道而驰，一种是走在路上。如果选了前者，就只好渐行渐远，切莫怨天尤人。

　　暂时没实现的理想，只有到临终前，才有资格说它破灭了。

一入江湖岁月催

做世上万事，动机无外乎三种：一为名，二为利，三爷乐意。出名儿暂时指望不上，利益和乐意就成了我衡量一件事值不值得做的准绳。

要是给我特别多的钱，憋屈点儿我也认了；要是让我特别高兴，钱少点儿也没事儿；就讨厌那种又没钱又添堵的人与事儿，瞎耽误工夫，虚掷光阴！

2008年12月31日，我独自开车去廊坊见了一拨不靠谱的客户，累个半死，毫无斩获。回到北京城里又赶上大堵车，路旁准备过新年的人们喜气洋洋，而我只能听着电台歌曲慢慢往前蹭，夕阳如血，我如倦鸟归巢。

生意终于谈崩，说起来都是商家常事，但仍然让人沮丧不已。之前功课并没有少做，也加班加点儿，也来去几个回合，对方大老板也口口声声说对方案满意，然而最终却坏在价格谈判上。

首先这个项目有它的特殊性。该项目内容是为甲方所辖的五星级酒店设计制作新年与春节的全部装饰。但也许是甲方对工期了解不够，项目明显启动得太晚了，等到招标结束，施工工期已经迫在眉睫，即便是在2009年1月1日开工，马不停蹄，也才仅够在七日内完工，以接待1月8日莅临到此的一干据说相当重要的领导。也就是说，最晚12月31日，这个合同是非签不可的。

当日那番谈判成为我创业生涯里的重要一课。

12月30日傍晚，甲方通知我次日去签合同。12月31日，我清晨即到办公室整理合同盖章，布置好设计师工作，驱车一个多小时抵达廊坊，10点到达甲方会议室。

甲方出来三个穿黑西服的男人，并没有人与我微笑寒暄，也没有人拿出合同相关文件。落座后，三人中那个瘦骨嶙峋的人坐在我正对面，其余两人会议伊始就在不停吸烟，也不曾过问我是否介意，房间内始终烟雾缭绕，让人心生烦躁。

从项目招标开始，直到我方披荆斩棘最后胜出，甲方一直只有那个瘦人在跟进。今天对方竟然冒出三个人要和我签合同，我觉得形势诡异。

瘦人把面前的标书翻来翻去好几遍以后，终于开口了："你的最终报价是多少？"

我一怔，骤然明白，原来今天是叫我过来砍价的。

做到这一步了又要砍价，实在匪夷所思。我方报价明明在第一封标书里已经白纸黑字清楚写明，难道中标不是产品与报价一起中标吗？况且瘦人代表甲方一直表示对报价无甚异议，只需对设计图加以修改，于是就工程细节与我方设计师往复数个回合。其中大老板亦现身一次，满面笑容说对设计相当满意，并期待1月8日完工的成果，当时瘦人在身后唯唯诺诺，直说老板您放心一定办好。

直到此日前，双方均积极地平行前进：甲方一一确认了工程细节，我方的设计师和工人已在机器前待命，只等合同一签，马上启动。进行到这个节骨眼儿上，双方心里应该是有默契的吧——绝无时间再去考虑换掉乙方，我们是甲方仅有的选择。

"我们的报价已在投标书中注明。"我回答，面无表情。

瘦人向前探一探身子："这只是你们第一轮报价而已嘛，都有得谈的嘛，对不对？"

我注视着瘦人，觉得十分稀罕，原来工工整整的标书和E-mail里的中标通知都算不得数，在他们心目中，这一切如同在自由市场买廉价衣服。

我倒想问问他是怎么想的："中标价格就是甲乙双方的确认价，否则招标有什么意义？"

明明是他们违反了商业规则，瘦人却振振有词："招标才能比较出你们的设计好嘛。至于报价，谁还不知道你们的设计师在电脑上弄出几个图就漫天要价。"说完他似笑非笑地看着我，似乎在观察我有没有心虚。

我历来最恨这类轻贱设计师的言论，胸中立马憋了一口恶气。我自知这是商业场合，还是隐忍为上，不好发作。

哪知他自以为占了上风，接着提出了一个惊人的要求："所以我的建议是，制作费用嘛，我们按报价付给你们。我看，设计费用就可以抹掉了吧？"

他竟然打算拒付设计费！我的火气一下子升起来："设计是高级脑力劳动，先不说设计产品可以归入无形资产，具有知识产权，就算每小时按劳计酬，这两个星期来和以后一个星期我们花费的时间人力，难道不是成本吗？您也每天坐在电脑前面，甭管干不干活，老板说不发您工资，您干吗？"

他听了一愣，估计没想到我会立时反击。是的，为把项目促成，半个月来我都毕恭毕敬地与他们沟通，但不代表我是软柿子！

他明显感觉到我并不如预期的好对付，突然沉默起来。接下来大概有十分钟，他一句话没说，我也没吭声，会议室里一片死寂。

隔了很久，旁边一个不停抽烟的人发话了："我们是本地最大的五星级酒店，之前也合作过很多设计公司，我们横向比较过了，无论你们的设计费用还是制作费用，都贵很多！"

"把廊坊这个二线城市和首都北京放一起比价，好像不在一个起跑线上吧。北京的吃穿用度、交通房租、原材料成本和人力成本的情况，您了解吗？您去首都北京旅游过吗？"

这个人对我的反问置若罔闻，却突然换了一种语重心长的谈话方式："我们也是替老板打工呀，每个项目都有预算限制，比起以往同类项目，突然增高了这么多，我们不好做呀。"

我觉得太荒唐了："据我所知，你们是通过北京的一家五星级酒店找到我们的，你们说过想要和他们一样的高端设计和质量。我建议你们去询问一下北京那家酒店在这个项目上的预算。您看上别人身上一件名牌衣服，找到那家店，说我也喜欢这衣服，但是这衣服标价五千块钱我只能给两千，您看看人家卖不卖给您？"

我心里还有话没说呢，我真想说，没钱就别买贵衣服啊，踏踏实实买个便宜的得了。最可恨的是没钱一开始又骗我说有，到头来又说买不起，冲我哭穷有用吗，要有用我天天哭穷。

这个人又点了一根烟，闷头抽起来，不再言语。谈判又陷入僵局。

我看一看表，已经12点了，我开始感到肚子饿，一上午已经过去，一点进展也没有。接下来怎么着？是吃了饭接着谈？还是在这儿继续耗着？

沉默多时的瘦人突然起身，叫他两个弟兄："你们两个出来一下。"

呵，三个人竟然去外面商量对策了，我突然觉得一阵荒诞。三个大男人在2008年的最后一天，这样一个辞旧迎新的日子里，先公然违背商业原则，然后不吃不喝，关在会议室里合力对付我一个163厘米、46公斤的瘦弱女性，只为他们的五星级酒店纠结几万块钱，这是为什么呢？我很费解。

几分钟后，三个人回来了，瘦人一开口，我就知道他们已决意转变战术，知道我硬的不吃，打击无效，遂上软的。

瘦人貌似诚恳地说："你看你们也忙了两个星期了，何必最后僵在这点钱上呢？咱们都知道项目得赶快开工，你是不是觉得非你们做不可，所以死咬价格不放？我看真没有这个必要，以后合作的机会多着呢！"

哼，小人之心！

我坦然答道："第一，实话告诉您，您非要抹掉的这点钱，就是我们的利润！我们怎么可能让您抹掉，白忙活一场？我们不是雷锋，这是商业合作，我们是设计师，也是商人，唯利是图！第二，报价已经是最合理的报价了。您想想看，1月1日到3日，按《中华人民共和国劳动法》，我们对设计师和工人需给付三倍工资，而我们只收取了您不到两倍的人力费用，已经是非常大的优惠。第三，眼下我就跟您谈这个项目，不谈以后。您说以后给我们十个项目做，也是空头支票。以后真有，再说以后的不迟。"

我心说，哪还有以后，以后我还敢跟你们合作吗！

三人再次陷入沉默，瘦子皱眉低头，剩下两人抽烟。我以为他们在咀嚼和反思我的回答，于是拿出效率手册开始写起新年计划。然而时间一分一分地过去了，三人仍然岿然不动，无声无息，我一看表，下午1点了！

我明白了，对方这是开始在使用熬鹰战术！三个大男人准备把我熬到饥寒交加、缴械签字吗？他们真傻，亏得他们还知道这项目得赶快开工，亏得他们还知道做这个项目舍我其谁！我好歹是个女的，受过高等教育，千里迢迢来到廊坊，不过想做一个双赢的生意。他们先贬低我们的设计劳动，又质疑我的经营良心，轮番轰炸无效，现在竟然不给饭吃，三个大男人就这样准备一小时一小时熬着我到投降，真以为是看守所逼供不成？

想到这儿，我冷笑一下，他们既然铁了心不让我挣钱，我还耗什么劲啊！他们失算了，千算万算，他们没料到我会忍心让两个星期的努力付诸东流，撂挑子不干。

我合上效率手册，站起身，挎上我的名牌包包，平静地对瘦人说："那就这样吧，这个项目我不做了。"

来不及看清三个人惊愕的表情，我噔噔噔走出了会议室。

我走到停车场坐进车里，三个人才慌慌张张追出来，我猜他们方才一定以为我在演戏，上演批发市场里和摊主砍价不成转身就走的戏码。于是他们扒住我的车窗说："王小姐，你看你这是干什么呀，你不要激动，谈生意不要闹情绪啊！都好谈。"

我说："耗时四个小时，双方没有达成共识，生意谈崩了。"

另一个说："王小姐，你看你们也忙了两个星期，设计都快做完了，半路不做了前面不都白干了吗！"

我说："没关系，我接受这些沉没成本。"

数瘦人表情最紧张，他一定是谨记着老板1月8日要看成果的交代，瘦人看我已经发动了车子，连忙说："王小姐，不谈了不谈了！就照你标书里的报价！你赶快回去和我们签合同吧！"

我看了他一眼，他们的五星级酒店，这个新春不再有美丽的装饰了，真可怜，但是我说："我做生意，一要赚钱，二要开心。现在彼此弄得这么不愉快，这个项目做也做不好了！我呢也可以好好过个新年，就这样！"

其实，我更怕的是，以他们这样的流氓态度，我真做了以后，连尾款都收不回来。

瘦人急了，眼睛里要冒出火来，啪啪地拍打车窗："王小姐，算我求你了好不好？就帮我这个忙。"

"不好，我与你非亲非故，大家还是自己帮自己的忙吧。"我目光坚毅，抓住方向盘准备伺机开走，根本不看他。

见三人还在执拗地拦在车前不让我走，我拨通待命设计师的电话："项目不做了！通知所有人现在收工，回家过节！"

三个人终于一下子颓了，让开了路。

我踩下油门绝尘而去，像许多电影里一样潇洒无情。

我看着后视镜里三个渐渐远去的小黑点，吁出一口长气，心中觉得无比解脱。

其实这件事情从根儿上就错了——他们即使邀请了我们参与投标，不代表他们就是我的目标客户。他们与我们有着不一样的价值观，缺乏对创造性劳动的认同，以及对文明商业模式的尊重。怨不得别人，自己选错了客户，客户令你不开心是很正常的事情，你会委屈，也会不服，而且生意还谈崩了。可怕的内耗型案例，真是个典型的熵的损失过程。

2008年12月31日傍晚，我饿得头晕眼花，终于从廊坊回到了北京温暖的家中。吃着热面条的时候我想，时间过得真快，几个小时后就是崭新的2009年了！一入江湖岁月催，163厘米高、46公斤重的我，来年又要投身到腥风血雨的商场里面去。

2008年的最后一天，我得到了两个教训：第一，要慎重选择客户；第二，谈判前要吃饱饭。

睡前，我想起那三个大男人，不知道他们1月8日如何向老板交差。但我不欠他们的，不是每一场谈判都能握手言欢，这就是生意。出来混，对我对他们，这都是很好的一课，以后谈成的生意只会越来越多。最重要的是武装好脑子，磨炼出意志，没有武艺傍身，就不要出来行走江湖。

　　无论是打工还是创业，其一言以蔽之：大家都是出来卖的。既然是出来卖的，一要卖相好，二要敬业，三不要嫌买货人。所以，第一要保持美丽，第二要多做事少抱怨，第三看在钱的份儿上要适当妥协。

　　我们不是雷锋，这是商业合作，我们是设计师，也是商人，唯利是图！我与你非亲非故，大家还是自己帮自己的忙吧。

　　我做生意，一要赚钱，二要开心。不是每一场谈判都能握手言欢，这就是生意。

　　自己选错了客户，客户令你不开心是很正常的事情，你会委屈，也会不服，而且生意还谈崩了。

　　没有武艺傍身，就不要出来行走江湖。

当完被告当原告

受了委屈找谁管用呢？那要看是多大的委屈。一般的委屈，自己忍忍就完了，再大点的，和朋友倾诉一下也管用。

要是再大点儿，甚至欺负到你作为公民的基本权益上来，可能只有诉诸法律才搞得定。

真逼到那一步，对簿公堂也没什么可怕的，反正不能选择逆来顺受，这世界一定得有处说理！

目前，北京市宣武区有常住人口55万人，宣武区人民法院每个月受理民事诉讼案件四五百件，平均到人头，全区每一千人才能摊上一件。有机会坐在被告席上的人，都是千里挑一，我户口在西城区都能轮上我，真是个幸运儿啊。

2007年一个夏天的上午，我开车在宣武区与西城区交界一条拥挤的小路上以5公里每小时的速度由东向西缓慢行驶，路两旁是小贩与群众自然形成的菜市场，人声鼎沸。

突然间，我听到有妇女在我车身后大声号哭："哎哟妈呀，我的脚呀！我的脚给轧了……"只见周围买菜的人们霎时间都聚拢在我车后围观。我的大脑"嗡"地一下，意识到完了完了，我轧了人了！后半生都要以罪人身份面对伤者及其家属的可怕情景在我脑子里飞快地过了电影，我迅速开门下车，除了里三层外三层围观的人，看不到谁在哭喊。

我一边用力扒开人群，一边横下心，准备目睹一只血肉模糊的脚。最后终于看到，一个农村气质的中年妇女瘫坐在地上，双手抱着自己的左脚，一只凉鞋丢在一边。

我定睛细看，谢天谢地，没有血迹，没有肿胀，怎么说呢，就是一只完整的脚，除了脚底很脏，脚跟皲皮和灰指甲以外，我用肉眼没看到任何异样。

周围的人显然与我看到的情景一样，没有人表现出揪心和关切，但是该妇女哭声震天，围观群众还是越堆越多，整条小路已经水泄不通。

"姑娘，你遇上碰瓷儿的了！"一个提着鸟笼的老大爷走过来低声对我说。

我惊魂未定，一个年轻的具有城乡接合部造型的小伙突然横在我面前，手指到我鼻子尖："你把我妈脚轧了！你赔钱！"

真被大爷说中了。

围观群众太碍事，我的车被结结实实地围住，根本动不了。我又势单力薄，对方还有个小伙子，我于是决定求助于英勇的人民警察，拨打了122，交警骑着摩托车几分钟就到了。

交警到了以后驱散了人群，妇女见到他哭得更凶了。

交警问："轧哪了？"

"呜呜呜，我左脚，疼啊。"

"脚面这不没事吗？"

"呜呜呜，是脚后跟。"

交警有点啼笑皆非，还是做了记录，继续问："她哪个车轮轧的你？"

妇女做龇牙咧嘴无力回答状，抬手指了指我车的右后轮。

"她的右后轮，轧了你左脚后跟？"交警问。

妇女点了点头。

交警转头跟我说："没事儿，你带她上医院去，该怎么看怎么看。"

妇女及其儿子有点不情愿，他们早先策划的一定是个现场交易情节，没想到演化得这么复杂。但是面对首都警察虎视眈眈，两人也只好跟我走了。

妇女也不容易，一只鞋掉了，光着左脚单腿蹦，从大门口蹦到急诊室已经喘得不行了。

挂号的时候要写名字，她说她叫"刘碎枝"，千真万确，就是这个"碎"字，留碎肢。

医生捏捏她脚后跟，她大叫几声喊疼。医生很负责任地说："红肿、淤青都没有啊，有可能是软组织损伤，别用左脚，过几天就能好。"

妇女不干，继续说疼。医生说那开点药吧，写了个单子。

我拿过单子马上去交费，心想终于折腾完了，去药房拿了一包冰袋和一盒红花油，连同单子和药一并往妇女怀里一塞，准备转身离去。

妇女说："我没有鞋，我的鞋坏了！"呵，她还不甘心啊。

我看了看妇女的脸孔，她并不算老，但五官却显得皱巴巴的，我叹口气，掏出一百块钱让她买鞋，转身走了。

2007年的夏天很忙，我研究生即将毕业，正在赶写硕士论文。刘碎枝打了五六次电话给我，说她的脚一直疼，要我去看她。我没有去。

接下来我毕业了，毕业典礼那天我爸来了，乐呵呵地坐在观众席里。

我穿戴着宽袍大袖的硕士服，心情激动，正准备上台从校长手里接过我的文凭，裤兜里手机振了。

我一接，对方是个严肃的男声："你是王潇吗？"

"我是。"

"我是宣武区人民法院，你已经被刘碎枝起诉，请来法院领传票。"

"啊？"我大大地惊悚。

这时候广播里念到我们学院的名字，我赶紧跟着队伍上了台，从校领导手中接过文凭。转过身来一看会场掌声雷动，我爸正给我咔咔照相呢。我马上配合地咧嘴微笑，后来我妈还洗成大照片挂起来了，但我自己怎么看怎么觉得表情僵硬。能不僵硬吗，正在自诩是国家的有为青年呢，突然就成了宣武区的被告了。

从台上走下来，我爸兴致勃勃，说要到校园里继续给我拍照。走在我爸后面，看着我爸后脑勺稀疏的头发，我决定这件糟心的事还是不要告诉他老人家了，与此情此景太不搭调。再说我已经二十八岁了，该让我爸省省心了。

妇女刘碎枝的举动也太让人无法理喻了，碰瓷儿骗钱不成，竟然还要把无辜的我告上法庭。我第一没有违反交通规则，第二按交警安排掏钱看病仁至义尽，她要能赢了这官司，这还是社会主义的大晴天吗？

终于等到开庭，我收拾得干干净净，精神抖擞地去了。

一踏进法庭的门，空气都不一样，透着肃穆和紧张。妇女刘碎枝已经坐在原告席上，幽怨愤恨地看着我。

原告被告及书记员都坐好后，审判长才穿着大黑袍出来，服装和我硕士毕业那天的有点像。

书记员宣读完法庭秩序，审判长宣布开庭，首先请我过目妇女刘碎枝的起诉书。三页信纸，蓝色圆珠笔手写的。说不好是谁执笔，因为字体丑陋非常，看得我十分揪心。

我粗粗略过，专挑关键字眼，诸如"我的左脚钻心地疼起来，几乎昏死过去""无数个夜晚，我都在噩梦中看见一辆白色的帕萨特向我驶来""她对我的伤病不闻不问，冷酷无情"……

我被那文字深深地吸引了，真正奇文共赏。

起诉书最后，妇女刘碎枝不忘提及最关键的部分："应该赔我误工费和精神损失费共计五万元。"

共计五万元！我惊了！

书记员说现在由被告人，也就是我来答辩。我清清嗓子，字正腔圆地开始叙述当天的事件全过程，尽量做到有理有据。我心说就得让你们看看，谁是有素质的人，谁明摆着是来要无赖的。

说完了我看看审判长，他面无表情，书记员倒是多看了我几眼。

接下来由原告刘碎枝出示证据。

她突然呼啦啦地掏了一堆医院诊断书出来，号称是几月几日又去哪儿看了脚，共计多少多少钱。

然后轮到我举证，我出示了当天的交警处理单。

审判长问道："刘碎枝，你要求赔偿你一个月的误工费，四万元。依据是什么？"

刘碎枝答："我一个月不能干活，这一个月的钱就得她给我，她轧的我！"

审判长问："你是做什么工作的？一个月收入四万元？"

刘碎枝："我自己做生意的。"

审判长问："什么生意？"

刘碎枝："我卖凉皮儿。"

此言一出，法庭安静了。我想，卖凉皮一个月赚四万哪！早知道我也卖凉皮儿了！

书记员使劲低着头，肩头好像微微抖动，审判长的表情有点怪，像在沉吟，又像在琢磨一个冷笑话。

审判长继续问："你在工商哪个所注册登记的？有营业执照吗？税

务登记证？纳税证明？"

经过审判长连珠炮一问，刘碎枝明显蒙了，支支吾吾说不出话。

审判长倒没问精神损失费的事儿，我觉得明明是我在精神上蒙受了很大损失，好端端地生活，开着车，莫名其妙就响起号哭声，莫名其妙就坐到宣武区法院被告席上来。

我越想越憋屈，审判长开始民事调解的时候，我一口咬定，我信任《中华人民共和国的民事诉讼法》和法律人员的办案能力，就要判，我拒绝调解！我受教育这么多年了，第一回誓要拿起法律的武器，我还怕了碰瓷儿妇女刘碎枝不成？

刘碎枝被质问税务登记证以后就元气大伤、斗志全无，竟然说不告了，就这样吧。我第一次上法庭大获全胜，以审判长宣布原告当庭撤诉告终。

直到现在，我但凡开车在人流密集的道路都会心生恐惧，反光镜里死盯着有没有人紧挨着我的车。我容易吗，一朝轧人脚，朝朝怕轧脚。

相安无事地过到了2009年，又是一个夏天。

这一次，我的权利被令人发指地侵犯了。我公司里的设计师无意间发现了一个网站，除了LOGO、电话及办公地址以外，整个网站的架构、设计作品、照片、文案都与我们的网站一模一样，竟然还敢大言不惭地写着"未经授权，禁止抄袭，违者必究"！甚至连我们同事的照片，都被原封不动地陈列了。人，不能无耻到这种地步！

新的维权之战打响了，我斗志昂扬，找黑客，请律师，网站公证，一个步骤都不能少。看来，事情都要一分为二地看，轧脚事件的好处也不是没有的。那以后，我的法律意识和自我保护意识迅猛增强，一旦怀疑权利受到侵害的时候，马上想到取证举证，对簿公堂。有白纸黑字最好，红口白牙也行，你折腾吧，你说过的每一句话，写下的每一个字，都将成为呈堂证供。

别人的任何选择和决定都有他自己的道理，尽量理解和不干涉。但如果伤害到你的心灵和财产，一定要干涉。

你折腾吧，你说过的每一句话，写下的每一个字，都将成为呈堂证供。

Part 3 | 生活篇

"给自己制定一个目标，然后实现它。"

站在人生的"米"字路口上

年轻的时候，生活里充斥着各种等待和选择。情形往往是这样——没得选的时候，抱怨自己命苦；选择一多，又容易患得患失挑花眼。最大问题是眼光看不到那么远，不知道怎么才算走对路，站对队，心里总是没数。

我觉得吧，如果心里有憧憬，最初几年还是要坚持，成不成，最后能跟自己说"毕竟我试过了"也是好的。年轻嘛，累不倒我就歪着，饿不死我就活着，说不定一坚持，就成了呢。

婷婷睡在我的上铺，她和我同一届入学，中国画专业。她生在平遥古城的青砖大院，也就是张艺谋拍《大红灯笼高高挂》的取景地边儿上长大。那电影里的风土人情和建筑风格，咱们当初张着嘴看得一愣一愣的，却都是人家婷婷成长过程中司空见惯的环境。可以想象当我小时候拿着饭盆一蹦一跳地从机关宿舍楼跑去食堂买馒头的时候，人家婷婷正在袅袅地迈了一进院，又迈了一进院，然后端坐在一大家子人当中，轻轻地端起茶盅。什么叫书香门第，什么叫耳濡目染？所以说我在机关宿舍长大，从小政治课一直考高分，眉宇之间老透着一股英气，不是没有原因的。

婷婷细眉细眼，柔软修长，讲起话来语速比我慢得多，我们大笑的时候她都在微笑。她在2004年冬天只身来到北京参加研究生入学考试，随即金榜题名。婷婷和另外两个中国画系的同学分得画室一间，推门扑面一股墨香，完成及未完成的画幅铺满四面墙壁和案头，层层叠叠，幕天席地。虽然我也分得一间，但由于专业关系，只得摆放两台电脑，非常了无生趣。我羡慕婷婷的国画生活，因此常常去串门，接受艺术熏陶。

婷婷每天在人大食堂吃完早饭就躲进画室，一画就是一天，有时候导师会在下午去她的画室现场教学，讲画评画，交流近期圈内动态。

我记得研究生一年级的时候，婷婷在寻找主题方向和表现手法上很是忧愁了一阵，她即使忧愁也很安静，只是坐在画纸面前扶着下颌，见我个闲人又推门进来，就问我："潇儿啊，我画什么呀？我站在人生的'米'字路口上了。"

我特别喜欢"米"字路口这个说法，形象无比。

后来有一天，婷婷突然很欣喜地告诉我她有了想法，她决定用水墨表现女人的高跟鞋！于是她就画起来，先是一只一只的，后来多了，就连成片，变成一片一片的。高跟鞋间歇里她也画些别的，比如小鸟、斑马、衬衫、瓜子、红烧肉，旁边还用特别娟秀好看的小楷题字，连门上的留言条都是水墨图文相配的。唉，才华横溢也就是这样子了。

婷婷的高跟鞋一画就是一年，这一年里，我好不容易体验到重归校园的美好，一点儿没闲着。我先跟人大学生代表团出访了德国，走马观花乐不可支；回来又和米秀凑热闹考托福，一起复习了两个月，米秀随便一考就考了663分（托福满分677分，这就是传说中的牛人），我考了583，只好仰天长叹自己不是那块料；然后有旧友找我帮忙做个晚宴背景，我就开始鼓捣设计软件，快捷键统统记不住，拖拖拉拉地交了设计稿，竟然拿到5000块钱的报酬。这其实是我创业的缘起，至于创业就是后话了。

我学托福的时候学不进去，每隔两个小时就去推婷婷的门。她始终维持在一个位置，站累了就坐着，坐烦了再站着。除了手臂握了笔杆蘸了墨汁慢慢移动，根本就是静止画面。只有西窗射进来的光线，越来越斜，渐渐变成金黄，婷婷去开了灯，又站回那个位置，再拿回笔杆，蘸一蘸墨汁。我没话找话问起她的恋爱，她才抬起头说："潇儿啊，我站在人生的'米'字路口上了。"

知道了设计可以换钱之后，我第二年比第一年更忙，还煞有介事地拎着笔记本电脑见起了客户。

回到学校我还是经常去看婷婷，发现她已经开始改画瓶瓶罐罐，完成的作品又挂了满墙。那些容器有高有矮，挨挨挤挤，画纸也用得更大了，买家没有大HOUSE根本挂不起来。

我的一大乐事就是在她画画的时候拿着水杯坐在一边呱呱说话。婷婷这时候能做到一心二用，和我一个一个话题探讨下去。

比如我会问她："这幅瓶子画准备定价多少啊？"

"一万块吧。"

"这有多少个瓶子啊？两百来个吧？"

"差不多，我也没数。"婷婷好乖。

"那相当于五十块钱一个。还可以。"我的商业天赋已经显露出来。

"对耶，五十块钱一个。"婷婷好开心。

"那你再画一百块钱的，咱俩就上食堂吃饭去吧！我好饿啊。"

春去秋来，婷婷的生活按部就班、一成不变，但我发现她一点也不闷，非但不闷，简直已经有画HIGH了的迹象，可以不吃不喝、不眠不休，而且作画时面带微笑，我都怀疑她已经神笔马良上身，经由瓶子遁入了仙门。

2006年，研究生的最后一年，婷婷的第一个画展在798开幕了。我帮婷婷设计了请柬，在封底加入了中国特色的水波与青烟。边做请柬的时候我就边想，睡在我上铺的婷婷，两年多来，只在做这一件事，心无旁骛，有如闭关修炼。老天要真眷顾起来，一定会让婷婷这样先天灵秀、后天勤奋的人，早一些达成愿望的。

不出所料，第一个画展，婷婷一口气卖掉了十几幅画。

几乎所有人在本科或者研究生念到最后一年的时候，都开始急赤白脸地找工作。这年头儿找工作难，毕业生找工作更难，艺术类院校毕业生要想找工作，难上加难是肯定的。

更何况是女生。

毕业前夕，各路人马都在告诉婷婷她需要开始谋生了，对艺术类的学生来说，找工作无疑是不得已向生活妥协，但总还是要找的。

大家开始制作简历，国画系油画系的同学也整理起作品集。我此前工作过三年，深知大家将要面临的险恶江湖和之前躲进小楼成一统的生活相差有多悬殊。我不禁担心起婷婷，一推门，她还坐在那儿画瓶子呢。我非常吃惊。

"你干吗呢？"

"画画啊！"婷婷肯定觉得我明知故问。

"他们都弄简历，去招聘会，你怎么不去啊？"

"我没想好要不要去呢……潇儿啊，我站在人生的'米'字路口上了。"

"米"字路口，呵呵，可爱的婷婷，我禁不住笑起来。

"你哪？你找好工作了？"婷婷反问我。

"我决心已定，我要走上创业之路。"我脸上的表情一定很坚毅。

"你真勇敢啊！你不怕吗？"婷婷仰望着我。

"我想过了，我不妨先自己做起来，因为觉得时机到了。真有一天创业失败，再找工作，也不是不可以。"如果真是进可攻，退可守，该有多么好。

婷婷终于放下了画笔，瘦瘦的双臂交叉在胸前："我没有想好，是找一份工作，还是做职业画家，这样一直画下去。"

我安静地听她继续说。

"如果我一份工作，我一定会后悔；如果做职业画家，我可能会很穷很穷。"婷婷面对的真是截然不同的两种人生啊。

"职业画家是你的理想吗？"我问她。

"嗯，我爱画画。"毫无疑问，雷打不动坚持画画将近三年，只有热爱可以解释。

"如果我是你，我不妨先当职业画家，真有一天活不下去了，再找工作，也来得及。"聪明端庄如婷婷，当然来得及。

"嗯，我觉得你说得对。"婷婷微笑起来，真正明媚动人。

毕业整整两年啦，婷婷做了职业画家，我亦注册了自己的公司。我们都没有穷死。

婷婷在两年间各种画展接踵而至，正应了马太效应，画越卖越多，展览越办越好。

我新办公室开幕的时候，婷婷送来一幅大大的早期高跟鞋作品，我把它裱好挂在墙上，命名为《辟邪图》。

世间本无所谓人间正道，哪个最适合自己哪个就是正道。美丽坚韧的婷婷其实从来就没有在"米"字路口上彷徨过，她早早就知道自己热爱的是什么，从年少一直坚持到今天。顶多顶多，她只是在走到"米"字路口的时候停了停，四下张望，然后更坚定地走上了自己的理想之路。我希望我也是。

睡在我上铺的婷婷，两年多来，只在做这一件事，心无旁骛，有如闭关修炼。老天要真眷顾起来，一定会让像婷婷这样先天灵秀、后天勤奋的人，早一些达成愿望的。

世间本无所谓人间正道，哪个最适合自己哪个就是正道。

你的心有多大？

从小我就敬畏那些什么时候都有正事儿的人，从来都只看有用的书，只思考有意义的事，拒绝在无聊的地方瞎耽误工夫。

我永远忘不了，当我问一个小学同学的人生志向时，他回答说："燕雀安知鸿鹄之志？夏虫不可以语冰。"他现在已经是个哈佛博士。

我在成长中一而再地与这样胸怀大志的人相遇，并见证他们终于实现所愿。欲壑难填不可怕，可怕的是，再深的欲壑，总有人真能自己一锹一锹填上它。

号称，心有多大，舞台就有多大。是这么回事吗？

我一直觉得我的心挺大的。

大学毕业，我在中央台耗了大半年，观察、思考、自我剖析，认定自己不适合这个职业之后，伺机转型。当新闻播音员当然好，但是好的工作不一定适合每个人。新闻先辈有言在先，当一个合格的有作为的播音员，要善于戴着脚镣跳舞。可谁要戴着脚镣跳舞啊？我要奔跑，跑累了我还要四仰八叉地躺下来休息呢。所以说，我的心真是大啊。

我的心都大成这样了，需要撒开了奔跑，那我的舞台得多大啊？

转型的第一站，我到跨国公关公司面试并通过，之后欢天喜地地上班了。

公关公司的工作内容异彩纷呈，整天头脑风暴，再风风火火地策划组织活动。活动选址覆盖京沪港各大豪华酒店，选址成功之后，再设计丈量，建造舞台——这可是实打实的舞台！每当我比比画画地调度着整场活动，我觉得我的心应该有场地这么大吧，少说也得有个四百平方米。

随着每一次大幕拉开，灯光亮起，一场接着一场的活动，翻台率之高之狠，非常过瘾。要说脚镣也是有的，那就是预算的限制。不过这个脚镣跟我也没什么关系，因为它都套在老板的脚脖子上哪。

在公关公司，我每天小宇宙满血，如鱼得水。如果身在电视台，我是工种里的最后一环——人肉喇叭朗读机，一个喇叭瘪了有另外一个立马顶上；而当我身在活动现场，作为执行导演，我就是串起各个工种的链条，简直就是没我不转，唯我马首是瞻。活动这东西非常有趣，在一个完整的活动执行中，邀请函是二维的，舞美是三维的，时间表是四维的。背景音乐的强弱，灯光的明暗，甚至司仪串词的平仄，连同大屏幕内容的节奏，全部融汇其中，只为主题服务。理想的庆典和活动可以做到尽善尽美、精益求精，甚至最终效果会超乎预料与想象，让我们的来宾惊叹、赞美、流连忘返。

我也流连忘返。每次开场前，我那难以抑制的期待与激动，远远大于直播前的倒计时。看见自己生养的闺女就要揭开盖头，当亲妈的即将功德圆满，哪有不激动的？每回活动胜利结束，我也都觉得自己功德圆满了，所谓物尽其用、人尽其才。

我每天别着耳麦，飘飘欲仙，激动了六个多月，公司来了个新同事。

新同事是个漂亮姑娘，叫Heidi，就坐在我旁边。Heidi小尖脸儿，皮肤挺白，点缀着几粒章子怡式的小斑点。她与我同龄，却好像和我没什么可说的，每天只是按时完成老板交代的任务，对待工作兢兢业业，对操持活动远远没有我那么大的热情。她加入公司一个月后，公司接到了一个超牛的化妆品公司的庆典项目。

这个超牛的化妆品公司，叫雅诗兰黛。

雅诗兰黛一来，Heidi就跟打了强心针一样，在项目初始就废寝忘食地搜集资料，并亲自去确认和挑选活动涉及的每一个环节。我第一次发现，她在颜色和质地上有着比我还苛刻的要求，不放过任何一个微小的可能会偏离初衷的细节。她甚至比对每一束插花里花瓣的形状是否饱满，每一只射灯的角度是否不偏不倚地照射在花束上，亮度是否能造成美轮美奂的投影。江湖上都说，我们这一行的人做久了，一定会成为完美主义者和偏执狂，Heidi分明已经彰显了她的潜质。

"你会成为最好的活动策划。"我由衷地赞美她。

"活动策划？谁要当活动策划啊！"Heidi不屑，我拍在马腿上了。

意料之内，活动大放异彩，大获成功。天下没有不散的筵席，再美好的现场，第二天也撤得七零八落。雅诗兰黛一走，Heidi的精气神儿仿佛也突然散去了，又变得平静和寡言。有两天午饭后，她甚至趴在桌上的文件堆中睡着了。我想让她趴得舒服点儿，于是替她挪开满铺的文件，这才发现那一本本的不是文件，是GMAT习题集。我恍然明白，原来她另有打算，工作只是工作，私底下目标是奔着MBA去的。GMAT我有所耳闻，传说短期内要拿高分的话，要搏命学到生不如死。我看着她的小背影，想象着她的苦读之夜。

我白天工作上蹿下跳很消耗体力，下班后就喜欢吃喝看电影进行调节，临睡前再看点儿各类杂书，觉得每天都是充实的一天。工作状态一亢奋，人就有点话痨儿，中午吃饭数我话最密，常常和众同事肆无忌惮地交流琐碎生活、八卦时事。日复一日，不觉时光流逝。

转眼我和Heidi前后脚来到公司已近两年，一个寻常中午，忘了其他同事都去了哪里，只有我和Heidi两个人面对面吃饭，我像往常一样边吃边说，滔滔不绝，她像往常一样沉默。

突然，她抬起头打断了我的话："你就这样一天一天迷糊着过吧。"

"啊？"我一下子没听清楚。

"你看着，十年之后，你什么样？我又是什么样？"她看着我，面无表情。

我整个人瞬间呆掉，饭还在嘴巴里。我没有马上明白她话里的意思，但我知道，她这是在鄙视我。

"我一周前已经辞职，下个月就离开公司了。"Heidi眼皮不抬地说道。

我更加吃惊，一时间没有话讲，心想她的GMAT一定是考完了吧，她要去读书了吧。

Heidi没有再说什么，拿纸巾擦了擦嘴，起身离去。

我一个人坐在那里，食欲全无，渐渐地对自己感到莫名的恼怒。在Heidi眼里，我一定是个毫无心机、胸无大志的大傻妞儿。她话少，并不是因为她内向，而是因为与我等从未有过共同语言。我的目光，只看见眼下的每一场活动。而她的目光，一直望向不可知的远方。

我的恼怒还来自对最初的回顾，因为我记起，我的心曾经好像是很大的，那么我要的舞台呢？是每回平均四百平方米的场地吗？我第一次迷惘了，一直想着Heidi冰冷的面孔，还有她的话："你看着，十年之后，你什么样？我又是什么样？"

午夜梦回，我开始扪心自问：十年以后，2013年，我会是什么样？我想要什么样呢？

因为Heidi的一句话，我在外企公关公司的欢乐时光，就这样结束了。日子还是一样的日子，但我的心变了。要么怎么说天堂和地狱，都在人的心里呢。

Heidi走的时候，公司里有例行的欢送会。会上，我一反常态地没有再话痨和耍宝。Heidi与大家告别时露出了微笑，对自己的未来去向却只字未提。

我觉得她的微笑神秘极了，我开始无法抑制地嫉妒起来：她一定早早就知道她想要的梦想、她想要的舞台。她是不是已经为此计划了三年，甚至五年？在我还懵懂，在我对我要的舞台还惘然无知的时候。

我不能再忍，终于上前去问她："你要出国去读MBA是吗？"

她显然觉得有点意外，但马上自然地回答我："还没有最后确认去哪里读。"

这就是说，还不止一个Offer了。我想起我没心没肺的生活，突然有点失衡，但还想盘根问底："那读完以后，你的打算呢？"

Heidi看了我一会儿，突然把我拉到角落里，用我从未听过的坦诚语气告诉我："我志不在此，我没有那么喜欢做公关活动。我一直在想我要的是什么，直到做了雅诗兰黛活动，我才知道我真正喜欢的是时尚和奢侈品行业。所以我先要到纽约去念书，也离这个行业近一些。"说完，她缓缓地吐了一口气。

Heidi走了，我看着她空荡荡的位子，心想，光心大是不足以有大舞台的，还需要知道那个舞台在哪儿，长什么样儿。

Heidi走了以后，我经常冥思苦想，为什么我确实在做着喜欢的工作，但我的舞台却只有这么小呢？我开始把目光从活动细节上抽离开，打量周边的人与事。渐渐地，我发现老板的脚脖子上，其实并没有戴着我认为的隐形脚镣。客户对于每个项目的期望和预算，从来没有束缚过任何人，而是推动着每一个人！项目，其实相当于老板在驾驶的汽车。客户期望就是车要去的方向，那预算就是车的燃料，老板才是把握方向盘的人！我们每一个执行者，其实就是维修站的工人，职责只在于擦亮每一个零件，保持车各部分的正常运转而已。

维修工人当然很重要，我也还算胜任。问题是，我的才能，是不是只够做维修工人？

我真正想做的是维修工人吗？不是。我想做驾驶汽车的人！我想掌握方向盘，风驰电掣地前进，所到之处，都是我的舞台！思考到这个层次，我开始兴奋莫名，终于知道什么是自己真正要的舞台了。

兴奋了一阵子，我又沮丧了，因为我发现：光心大是不够的，知道舞台在哪儿也是不够的，能耐还得够大。

Heidi走后三个月，我也从公关公司辞了职。既然Heidi选择了去时尚中心浸淫熏陶，我决定选择去学堂回炉重铸。我开始准备考研，报考了人民大学艺术学院。

一年以后，我被人大研究生院录取，Heidi也从纽约大学发来了问候邮件，十年后我怎样她怎样的事，她再也没有提过。

研究生二年级，我在北京市朝阳区注册了自己的设计顾问公司，终于可以开始驾驶自己的汽车了。纵然车小燃料少，但方向盘始终是抓在我手里的，这感觉好到不行。

公司成立两年后的一天，在客户的会议室里，我看到了一本英文版的时尚杂志，随手翻阅间，突然看到了Heidi的照片！我浑身一震，马上定睛细看，她的照片附在"奢侈品行业的华人女性"一文中，她的脸还是很白、很尖，正在自信地朝镜头笑着。我再次想起那一天她对我说的话："你看着，十年之后，你什么样？我又是什么样？"

那一刻，我发自心底地感谢Heidi，是她唤醒了我。否则，我也许很久以后才会了解心与舞台的联系，等到那个时候，不知道是不是还来得及，也不知道，还有没有今天的勇气。

这是Heidi与我十年的约定。那天的十年以后，应该是2013年，我盼望着，看她什么样，我又是什么样。

　　没错，心多大，舞台就有多大，但是先要在心与舞台之间，找到通路，并勇敢地走下去。

　　她话少，并不是因为她内向，而是因为与我等从未有过共同语言。我的目光，只看见眼下的每一场活动。而她的目光，一直望向不可知的远方。

　　日子还是一样的日子，但我的心变了。要么怎么说天堂和地狱，都在人的心里呢。

　　光心大是不足以有大舞台的，还需要知道那个舞台在哪儿，长什么样儿。知道舞台在哪儿也是不够的，能耐还得够大。心多大，舞台就有多大，但是先要在心与舞台之间，找到通路，并勇敢地走下去。

　　每个人先天能量区别很大，有的人寡淡无味，有的人跌宕起伏，都是按自个儿的能量定额来的。先天能量这个东西没法攀比，自己跟自己比，满足就好。关键是正确估计自己的能量。

要，还是不要继续上学

毕业就一直工作并且做出成绩的人很多，中途去上学学成归来做得不错的人也很多。所以上不上学这个问题答案因人而异。咨询别人用处不大，无论是打击你还是鼓励你的人，其实都没根据。

小马要过河，不知道水的深浅，老牛说水特别浅，松鼠说水非常深，究竟小马能不能过这个河呢？这个寓言告诉我们：小马要和老牛和松鼠比比个头，才能心中有数。

一个林中的夜行人，如果每一步只能沿着手电照到的光亮前进，可能渐渐地就能走出了深山。倘若最初就能够俯瞰到整个森林，也许一早就因为恐惧和绝望放弃了。

考研的网上报名表格密密麻麻的，我研究了半天，在"非应届""跨专业""全脱产"三个选项后面，都打上了钩。其他各项都填完以后，我又仔细核对了一遍，郑重地把鼠标光标移到最下面的"提交"，轻轻一点，我就算报上名了，正式跻身为考研大军里的一员。

与此同时，我的朋友黎楠小姐正在一边复习托福，一边准备申请材料，为留学做全面准备。

突然想再去读书，是工作了几年以后很多人都会萌生的念头，我也没能幸免。

让大家有心重返校园的原因很多，不一而足。有的是因为工作后频频发现，书到用时方恨少，学过的东西用不上，要用的东西又没学过；

有的是因为升职加薪对学历的需要，也算曲线救国；还有的是因为突然找到了自己的志向，于是决定追求理想回炉重铸；可能还有一种，是因为几年之后仍然无法适应职场环境，索性再躲回象牙塔遁世当学究，只为图个清静。

考研大军里，我应该属于回炉重铸型选手。黎楠属于既想多学知识，又想曲线救国，一石二鸟。

所有事情，都是动心思的人多，真出手的人少。可是生活本身，是论迹不论心的，否则世间早就充满了英雄和强人。动心思了却没出手，还不如没动过心思。虽然心思曾动，却由于种种原因选择了按兵不动，在未来难免不是追悔就是遗憾，总会留下痕迹。

我出手了。

下定决心往往只是一念之间的事情。现在想来，作为一个心血来潮的非应届考生，我当时孤军奋战，两眼一抹黑，不知道形势的险峻，最大的好处是因为无知而无畏。一个林中的夜行人，如果每一步只能沿着手电照到的光亮前进，反而能渐渐走出深山。他倘若最初就能够俯瞰到整个偌大的森林，也许一早就因为恐惧和绝望放弃了。

能不能考上是一码事，真要考上了，花三年去上学拿个硕士，代价值不值得，又是另一码事。

如同择业和结婚，未来的形势和变数都是无法预估的，简直就是赌一把。胜算的概率再大，总还是有输的可能。重点看你是不是输得起——年轻时候本来一穷二白，也真没什么输不起的。

黎楠总怕她输不起，因为留学学费不菲。她天天念叨学费和学成归来后行业工资的投入产出比，但也没个结论。

权衡眼前利益和长远利益这件事当然很难，别说我和黎楠搞不定了，连大公司里做过无数调研的投资项目也会运作失败。对我们来说，除了读书期间真金白银的收入没了，时间成本其实更为昂贵，那可是我货真价实的青春！

当然，青春总要过去，早先发呆谈恋爱已经让青春过去大半，后几年如果能有幸虚掷在知识殿堂，已经谢天谢地！否则，也不过奉献在庸常工作换来的工资卡上。既然是青春，没有包袱和家眷，有机会当然好过没有。

我算来算去，始终觉得与其令眼下的工作做不出名堂，不如去归隐修行。因为武林高手一战败北之后，都曾经有隐忍、酝酿和蛰伏期，而后脱胎换骨，练就盖世武功。武林高手的闭关终究是暂时的，为的是能够威风凛凛地重出江湖。

我托腮畅想，镜头早已切换到我的前生后世，只见我站在群山之巅，昂首挺胸，目光投向远方苍茫的云海，身后的剑鞘闪着寒光，玉树临风，衣带飘飘，此时群山间还要恰到好处地响彻《铁血丹心》的主题曲。我在山巅越站越HIGH，呼吸吐纳着天地之气，凌云壮志充满胸膛，最后但见天边宝光一现，心下一横，宝剑"噌棱棱"扬眉出鞘，就这么定了！

心目中的无敌女侠鼓舞着我，去公司辞了职。辞职是必须的，凡事不破不立，无敌女侠想要成事，非要有杀伐决断之心！

黎楠为我的壮举拍手叫好，但轮到她自己，她说还是先双管齐下。毕竟，她本科专业是英语，辞职学托福，当然不至于。

黎楠她妈对黎楠的留学计划意见很大，她妈说："女孩子大学也念了，工作也不错，不趁这两年找个好人嫁了，折腾那么老远干吗？"

黎楠不怕远，但是说到嫁人她确实含糊了，心事重重地跟我说："你说我到了那边几年，是不是真会耽误找男朋友？"

"以后的事谁知道，总得往前走走看。"我说。世界这么大，我一万个支持她去留学。

都提倡闷声发财，但我天性喜好大鸣大放，几天内就把辞职考研的决心广而告之，意在为自己营造一个昭告天下、全员监督的理想学习环境。满以为各路神仙都会赞赏和鼓励我的英勇决绝，但人们对此的反应却截然不同。

我妈说："好啊有志气，你俩表姐都是硕士，考上了和她们找齐。"

我妈连带我俩表姐都是学习型人才，而偏偏我不是。她们一定觉得考研不过如此。但我妈还说："万一发挥不好，考不上，再换个工作上班就是了，顶多耽误半年。"

我亲妈如此怀疑我的水平，这让我很不乐意："考都没考，就先说考不上，这是消极的心理暗示，就不能这么说！"

"不说不说！"到底是亲妈，都依我。

再听到其他人的意见，才发现提供消极心理暗示的大有人在。各种言论如下——

代表性言论一：你不应该辞职，边上班边考研呗，考不上也不耽误。

代表性言论二：你现在不是挺好的吗？折腾什么啊？到时候考不上，这个工作也没了，多丢人啊！

代表性言论三：考研有什么用吗？念完了干吗你又不知道，不如工作三年实惠。

如此种种，把我打击了。

莫非是我受的传统教育和理想主义在作祟？我认为读书越读越高，力争上游，总是积极的；我还认为，我追随了我的理想，并去报考我向往的专业，也是积极的；整个人生里，但凡可归纳为努力进取、向上迈步的事情，应该都是积极的，都值得去试——值得去试的事情就是这样，让人有点儿担忧，有点儿害怕，但是一旦努力将其做成，会非常之爽。艰难登顶的快感，远胜过平地急行。

读书要读至大学本科，是全社会约定俗成的一块敲门砖。有了这块砖，好歹人家能允许你入行起步。入行之后的发展变化，就全靠个人选择和修行了。社会的筛选与淘汰，就是由人们自我选择的结果开始的。按部就班地随大流当然容易，因为不用动脑子。轮到自己做选择，就需要耗费智力、判断力、决断力。劝我的人管这样的自我选择叫作"折腾"，我不同意，我更愿意称之为"掌握自己的命运"。命运是可以掌握的，当然，有时候还需要些运气。

虽然自己把道理又想了一遍遍，但面对来自亲朋好友的不同声音，还是不免郁闷。正郁闷着，一个多日不见的知心大姐刚好打电话问候我。

该知心大姐是个不可多得的榜样，她二十年前以二十九岁的高龄留学美国，学业有成之后，竟然在美国本土一家500强公司做到CFO（首席财务官）。这还不够，她已经五十岁，但仍然身材娇小细腻、姿容美丽，堪称数十年如一日的才貌双全。我大学毕业后，曾在她回国后就职的公司做过兼职工作，她身居管理层，竟然每天抽出十分钟与我交谈，说我有她年轻时的影子。我决心考研的时候已经二十五岁了，却还没有她当年一半的美丽和成绩，真是羞于当她的影子。

知心大姐惯用的开场白是："怎么样？"

"我辞职了，准备考研。报的是中国人民大学，新媒体专业。"只有跟知心大姐，我敢把学校名称都说完，和其他人往往在说到"考研"时就会被对方的惊讶声打断。

"辞职了？考研？好呀！你有出息了！"知心大姐的表扬是毫不迟疑的，斩钉截铁的！

"但是我跟好多人说了，他们要么反对，要么说考不上丢人，还有说考考看，考不上就算了的。"终于有人可以诉说我的沮丧，我不吐不快。

"甭理他们！你考你的！"知心大姐说话语气那么坚硬，可是听上去怎么那么舒服啊。

"嗯。我想也是。"我觉得有了力量，知心大姐一个顶他们十个。

"这种判断，只能你自己做。别人不知道你的实力、志向、前因后果，没法真正给你建议。"知心大姐说的极是。

"还有，从这样的事情，你可以观察观察，但凡劝你保持现状的人，他自己的人生选择也是保持现状；鼓励你给自己留后路的人，他自己做事也会瞻前顾后；鼓励你勇往直前的人，他自己也会一直往上走。人们都是以己度人的。"

"啊，是啊，真是这样的耶。"我不得不佩服知心大姐的入木三分，我郁闷了好几天，她一下就一针见血，直抵本质。

"所以，吸取建议的时候，那些和你不是一个思维系统的人，就不用问了。最好问那些同类愿望已达成的人，或者问你的榜样。"

听到这儿，我完全茅塞顿开。"您就是我的榜样！"知心大姐太无敌了，我必须表达我的敬仰之情。

"哈哈，我的时代已经过去了。但是，我告诉你，你要有出息了。考上通知我，请你吃饭。"知心大姐利落地挂了电话。我依旧暗自钦佩不已，我想知心大姐的字典里，没有怀疑、犹豫、徘徊、踌躇这些词吧。

那么我呢？我的字典里也不能够再有这些词汇，因为我是无敌女侠兼知心大姐年轻时候的影子！我把知心大姐的理念告诉黎楠，她赞同不已，马上全心投入留学备战。我也从此集中意念，一头扎进书堆里，各种纷扰如邪灵避让，看我得道升天。

我于2003年9月开始埋头苦学，于2004年1月参加了全国研究生统一考试，于2004年3月参加复试，于2004年6月被中国人民大学研究生院以公费生录取。

黎楠在半年后被德国洪堡大学录取。留学德国费用低，是预算有限的最理想选择。

我与黎楠的考试战役宣告大获全胜。

这一次，我采取了低调处理，只电话告知了我妈和知心大姐。

我妈说："你要考不上，谁都考不上！"这就是亲妈，太不客观了。

知心大姐说："考上了是应该的。你想吃什么？"多么轻巧，多么淡然。

现在，我已经拿到硕士学位两年了，黎楠毕业后留在了德国工作，有了一个华裔的男友。

黎楠在我的博客上看到了"灭绝组"近况很是吃惊，在MSN上问我："塔塔结婚了？怀孕了？"

"是呀，预产期在年底。"我很替塔塔得意。

"唉，留学只三日，人间已千年了。"黎楠肯定是想到了她妈当年关于她嫁人的顾虑。

"要还是不要做一件事，都会有选择的代价，就看你更想要哪个了。"我说。

"对。我得到了我当时想要的，代价虽然有，但还是值得的。"黎楠发了一个笑脸，"况且，我又不是嫁不出去。"

我发了一个彩虹给她："当然。其实几乎每一个女人都能嫁出去，但不是每一个女人都有勇气在学业上达成所愿。现在你已经才貌双全，想娶你的人太多，只有你乐不乐意嫁的问题了。"

　　值得去试的事情就是这样，让人有点儿担忧，有点儿害怕，但是一旦努力将其做成，将非常之爽。艰难登顶的快感，远胜过平地急行。

　　这种判断，只能你自己做。别人不知道你的实力、志向、前因后果，没法儿真正给你建议。

　　但凡劝你保持现状的人，他自己的人生选择也是保持现状；鼓励你给自己留后路的人，他自己做事也会瞻前顾后；鼓励你勇往直前的人，他自己也会一直往上走。人们都是以己度人的。

我们经历过的各种崩溃

都说人生没有过不去的坎儿，可是蹲在坎儿里的滋味，还是真难受啊。

坐在坎儿里哭的时候，最好有人听得见，能趴边儿上和你聊两句，让日子好过一点儿。这个时候就看出朋友的重要了。

不过也不用特别感谢陪你聊的人，漫漫人生路，她以后也有大把机会掉到坎儿里。

何大人闹情变，一晚上给"灭绝组"两位主要成员平均各打了三次电话，后两次基本都在凌晨1点以后，而且这种状况持续了三天。

何大人和小曼年龄相仿，金牛座，整个青少年时期一直在境外接受特别优质的教育，如今在办公环境特别优雅的外企上班，近两年频繁升职加薪。就优质教育这一段儿，让我们土生土长在北京这片沃土的"灭绝组"望尘莫及。自从何大人学成归国后，就和我们"灭绝组"来往甚密。但就冲她这种半夜打求助电话的表现，一直都只能是禁不住考验的预备成员。

经过我们事后交流，了解的情况基本一致。何大人在电话里吐字不清、哽咽不止，但坚持反复诉说，完全不顾我们是正在卸妆泡澡还是在和男友促膝谈心。

午夜情感热线耗到第三天，我终于扛不住了，要知道熬夜煲电话粥绝对是我们轻熟妇女美容之大忌。我们于是约何大人吃晚饭，共同商讨解决之道，只求速战速决。

大家按约定时间前后到达大望路林家小馆，我去晚了，热菜已经都上来半天了。何大人也显然激动地叙述了很久，面前的餐具一看就纹丝儿没动。看样子她见到诸位以后又遭遇了情绪大爆发，手边儿一堆纸巾。

我边就座边说开场白："何大人，你要对自己有信心，也要听取我们的各种支招儿和建议。今天在座的各位，论恋爱工龄，加起来怎么也有五十年了。五十年啊，半个世纪，悠悠岁月，都是真知。"

何大人的故事并不十分复杂，无非是要被动结束一段性格不和、时机不对的恋爱。这个时期的确是最难熬的，不分手心有不甘，分手了又四下无人。午夜梦回的时候，望见窗外的清冷月光，自己前半生的遇人不淑一时间全都涌上心头，特别容易顾影自怜、怨天尤人。何大人的情绪明显是非常不稳定，主要表现是睡不着觉，动不动就哭、痛哭。对整个事件来龙去脉的分析能力也与自己的教育程度完全不成正比。混乱，庞杂，毫无逻辑，车轱辘话来回说。而且已经愈演愈烈到严重影响了她特别高端的工作。作为一个有抱负的轻熟妇女，情路上没有十年也有八年摸爬滚打，竟然因为感情耽误了工作，是可忍，孰不可忍！

我们试图按照"灭绝组"惯用的聊天方式，把谈话引向深入，帮她厘清思路，但发现过程远比想象中艰难。

在几轮劝解完全无效以后，何大人终于抛出了一个最直接的问题："我难受，我痛苦，就从来没这么痛苦过，觉得干什么都没意思了。我就想不这么难受，但是没办法，就是越想越难受。你们帮我分析的道理我都懂，但还是不行。你们那个时候都怎么过来的？"

我们那个时候！

"灭绝组"出现了罕见的短暂沉默。

我和塔塔迅速对视了一眼，回忆还很新鲜，我只需稍稍沉吟，马上就可以清晰地描述。

2007年春天，塔塔的状态绝对比今天的何大人严重得多。简单地说，就是精神崩溃。医学上说，是抑郁症。按程度说，属于中重度抑郁。

那个时期，"灭绝组"刚成气候，组织松散，沟通也远不像现在这样频繁和紧密。我正处于创业酝酿期，孤零零地投入到残酷的商业社会，经常感到凄惶无助。小曼刚刚被领导委以重任，夜班连着夜班，持续睡眠不足。而塔塔在联合彼时男友成功创业后突然遭遇无良劈腿，刹那间人财两空。也就是说，那时候我和小曼虽然混沌和劳累，但都走在希望的道路上，而塔塔的感情、事业两条道路却同时轰然坍塌了。

塔塔告知我她的情况时，事情已经过去一个月了。

其间我曾接到塔塔的短信和电话，使用字眼都相当消极，甚至有时候非常极端，提到过你死我活。更多时候是说她自己觉得没什么活的意思了，一切都虚无，都没劲。还有就是整宿整宿地睡不着觉，老想哭，眼泪会毫无征兆地突然喷出来，把旁边的人吓一跳。没食欲，暴瘦，我怀疑那时候她洗澡等个人卫生也成问题，我中间见到她两次，头发都是打绺贴在头皮上的，非常有视觉冲击力。

情绪失控一个月以后，塔塔已经被自己折磨得不行了，她是一直尝试自救，又自救不成功。她后来好像去过"六院"，说医生只是简单询问、开药，看过以后没有任何起色。我们于是决定求助于业界权威——安定医院。安定医院这个词儿，我打小儿就在各种笑话里经常听到。

我开车去安定门东南角马路边接塔塔，老远就看见一个姑娘伛偻着后背。塔塔一上车，我马上注意到她那标志性的一对儿单双眼皮儿已经都哭成了肥厚的单眼皮儿，且色泽沉着。嘴角挂着，腮帮子肉下垂，我猜摸上去也肯定松软没弹性，应该是长期向下撇着嘴角造成颧肌萎缩导致的。塔塔本来就有点小黄皮肤，过去心情靓丽的时候也算甜蜜小麦色，现在皮肤完全没光，干燥起皮。倒是身上明显瘦了，但是胸部也似乎跟着小了，加上佝偻着背，衣服又宽松没型儿，整个儿一不能看。

也赶上是北京春天老有风沙天，安定医院门口停车场灰特别大。门口有一个老头值班的传达室，和常规医院的倒也没什么区别。建筑都是五六层楼，我们判断顶上两层八成是住院处，因为窗户上都焊着大铁栏杆儿，还有穿着竖条衣服的人正扒着栏杆儿往下看，我们都没敢贴着墙根儿走，怕他啐我们。

挂号的时候塔塔特别有数地挂了抑郁症，正好是网上搜到的那个模范大夫，据说态度相当好。

塔塔从上了车就一直没什么话，医生询问病情的环节她回答的声音也很细小，而且语速慢。医生的问题基本也是预料之内的，比如失眠吗？想哭吗？孤僻吗？食欲不振吗？自残吗？想死吗？医生绝对是经验丰富，询问了大概五分钟，就迅速地做出了判断和医嘱："你这是中重度抑郁，需要吃药治疗。如果不吃药，在不自杀的情况下，六个月后也会恢复正常。但是复发的概率很大！"

在不自杀的情况下！我一下子就紧张起来了，马上陪塔塔继续做其他检查，包括抽血和眼动测试。

等抽血结果的时候，俩医生一前一后押着一小队男性病人穿过走廊，医生嘴里念念有词："一个跟着一个走，跟紧了。"这五六个病人都穿着病号服，留小平头，目光呆滞直视前方，尤其令人印象深刻的是，走路全都不抬脚，蹭着地皮"嚓嚓"响。

我和塔塔本来还聊着关于怎么才能防止自杀的事儿，马上就不敢出声了，又不好意思一直盯着人家，就往窗外瞅。一瞅瞅见院里还有好多正在放风的病友，有诗朗诵的、打把式的、打滚儿的，姿态各异。

眼动测试之前，可能是因为紧张，我和塔塔都有点想上厕所。等我们拐个弯儿走到女厕所门口，吃惊地发现门口长凳上坐着仨警察。警察中间还夹着一个人，肯定是一犯人！因为手铐脚镣全戴着，穿的蓝白条衣服和国产电视剧里的也一样！怎么就坐在女厕所门口呢？

就在我俩放慢脚步准备悄悄溜进女厕所的时候，犯人咧开嘴，目光直勾勾地冲着我俩"呵呵呵呵"地笑了！

这一笑非同小可，我和塔塔尿意全无，迅速转身往回跑。

我俩一直飞奔到安定医院大门口才停下，又着腰别着气儿，等回过神来对看彼此的狼狈样子，忍不住哈哈笑起来。

此行太过荒诞离奇了，明明是大都市里一个德才兼备的年轻姑娘，只是生活稍微受挫，哭了几鼻子就跑到精神病患者里来妄图找共鸣。当真看到人家患者，才明白层次还差得太远，自己分明只能算正常人。

塔塔的病，就是从那一刻开始好起来了！

所以，塔塔怎么过来的呢，她自己总结了两点。一、人比人得活。到了安定医院，对比人家患者，发现自己其实相当正常，从此对生活恢复了希望，对自己的状态充满了信心。二、恢复的过程中，参加各种局，哪怕是硬撑着参与到欢乐的人群中，一来会渐渐地被积极的气场感染，二来残存的好面子心理也不至于让自己经常当着亲朋好友的面泪奔。久而久之，就好了。

何大人毕竟冰雪聪明，马上听懂了："第一要找垫背的，第二要与民同乐，第三就是熬时间呗。"

我对何大人的回答非常满意："哈哈没错，塔塔已经身先士卒，下面就看您的了。"

塔塔坐在何大人的正对面，单双眼皮儿下美瞳黝黑闪亮，鼻梁高挺，小脸紧绷，微笑恬静，怀孕三个月。孩儿他爸正在家里照着菜谱煲汤，热切地盼着塔塔把家还。

人比人得活。到了安定医院，对比人家患者，发现自己其实特别正常，从此对生活恢复了希望，对自己的状态充满了信心。

恢复的过程中，参加各种局，哪怕是硬撑着参与到欢乐的人群中，一来会渐渐被积极的气场感染，二来残存的好面子心理也不至于让自己经常当着亲朋好友的面泪奔。

欲望不实现就痛苦，欲望实现了就无聊。只有刚刚实现后那短暂的时期是幸福。所以幸福必然是短暂的，痛苦和无聊才是生活的常态。

通常来说有两种状态：痛苦的哲学家和快乐的猪。痛苦的时候，尽量搞清痛苦的缘由，否则就成了痛苦的猪。

吃喝玩乐见真知

吃一口冰激凌就是香甜，吹一阵海风就是凉爽，这是毋庸置疑的事实。

思考是为了不思考，工作是为了尽情休息，忙碌的生是为了无憾的死。

在想象力范围之内，争取一个可能性的最大化，自由的人生不需要解释。

就怕人家跟我讨论人生的终极意义。本来轻松愉快的一个上午，一个朋友在MSN上突然问我："你说活着的意义是什么呢？"这可把我难住了。他八成是遇到了什么事儿亟待想通。

有一些命题和公案，是宁可不要想的，比如"先有蛋还是先有鸡"，还有"人可不可以自杀"等，"人生的意义"是其中最吓人的一个。

如果我说我不知道，那等于说自己是在白活，每天只知吃喝拉撒睡，还不如直接告诉对方我是猪；如果我说我知道，生拉硬扯出一个哲学思辨，又不是我所能达到的高度。以己昏昏，没办法使人昭昭，肯定招架不住追问。

人家又正在困惑的节骨眼儿上，殷切地等待着我的回答，我断然不可胡乱说个答案打发。于是我把手头工作停下，当真开始展开思考，终于搜肠刮肚，回忆起曾经深深认同的一套词儿，赶紧一个一个字打出来：

活着就要斗争，
在斗争中前进。
在死亡来临之前，
把能量发挥干净。

为了表明我所言有出处，我打开百度，搜索关键词"活着就要斗争"，想看看我记忆里这话到底是谁说的。没料到，百度的搜索结果五花八门，唯独没有"活着就要斗争"。主要搜索结果如下：

活着就要幸福 / 活着就要远行 / 活着就要认命 / 活着就要冒险
活着就要酷 / 活着就要精彩 / 活着就要珍惜彼此 / 活着就要瘦
活着就要上诉到底 / 活着就要让儿子有吃的！

我被最后一个活着的意义震撼了！

既然大家的意义都不一样，我本着择优录取的原则，把这堆结果都复制粘贴过去，对朋友说："这么多意义，你挑一个吧。总有一个适合你。"

人生哪有确定的意义啊，都是自己赋予自己的。我只能帮他挑一挑，但没有办法替他锁定，因为我不是他。

朋友沉默了一会儿，打出一行字："活着就要面对痛苦。"

我想了想，告诉他："也行，但是不确切。活着就要面对痛苦，然后战胜痛苦，然后高高兴兴地去吃喝玩乐！"

朋友此刻求助于我，我当然要给予他鼓励。但我想，我是当真这么认为的。

面对痛苦是为了排解掉痛苦进而达到快乐，就像播种是为了最终收获。播种的时候再投入忘我，也不能让这两者本末倒置。人活着都会本能地趋利避害，玩耍找乐儿，人与人获得快乐的途径是不同的，吃喝玩乐对我来说如果是通往快乐的捷径，我就不会绕道而行。

我的娱乐内容说来也简单，和身边每一个人都大同小异：空闲看看小说电影话剧，遇到爬梯就泡泡夜店，隔一年半载去旅旅游，换季的时候再去逛逛街，按说没有什么新意，但快乐来得绵密而饱满——上一轮快乐还未消去，在埋头工作的同时，又潜心等待下一拨快乐的袭来。工作，就是上一拨快乐与下一拨快乐的间歇。甭跟我说工作也是种快乐，那绝对是不一样的，别自欺欺人了！

都说世事洞明皆学问，我看吃喝玩乐也是。但工作之外，我怕费脑子导致掉头发，在细节上是不肯下工夫的。何必呢，仅就皮毛已经让我乐不可支，如果把吃喝玩乐做到蔡澜老先生的境界，那简直可以称之为事业了。常在河边走，多少积攒了点儿心得，以下拣想说的说说。

读书与旅行

钱够时间够的时候，就旅行，不够，就先读书。灵魂与肉体，至少要有一个在路上、在别处，否则，人若是在一潭死水里溺得太久，就枯萎了。生存范围总是有限，而书能指向深处，旅行能指向远方，让人在疲惫生活之余，仍然得以有想象和希望作为心理暗示，让一切支撑下去。当了解到此时此刻，总有些地方有更黑暗或者更美好的所在，多少会感到苍茫和悲悯一些，对眼前的事少点纠结——这个年代大家都很容易纠结。

我倒觉得读书在马上厕上总可以抽空儿，旅行却一定要趁年轻赶快抓紧，最好是踏遍青山人未老。老了之后的旅程全都变了味儿，趁牙口好、肠胃好、膝下无儿女承欢的时候，但走无妨。从北京出发的话，东南西北，哪儿都可以去。每次一走出去，都感慨一次天地广阔，再庞大华丽的城市，飞机上一看，也不过是弹丸，街市如沟渠，行人如虫豸。再想飞机上的我，也不过是铁皮里一枚虫豸而已，人不免就谦卑起来。等到再回到自己的小小格局，这种谦卑能让我平和好一阵子。等到下一次浮躁膨胀的时候，正好又该出去了。

鲁迅先生说：必须如蜜蜂一样，采过许多花，才能酿出蜜来。当书籍和旅程越积越多，就算没能厚积薄发，眼界和格局总会随之大一点儿。平常心得以见多识广为基础。当沸点越来越高，人慢慢就变得淡定了。

站在别人的世界里，还有利于换个角度和立场反观那个自己走出来的世界。美好与丑恶，都是对比出来的，各有前因莫羡人。就像有首歌里唱到的：

美丽的姑娘，总在那遥远的地方。
于是我一直把那遥远的地方，深深地向往。
事到如今，我终于明白，不再神伤，
我们这里，对于别处的人们，就是遥远的地方，
我们这里，也有他们深深向往的，最美丽的姑娘。

写这首歌的人，是过来人，是大哲，这就是旅行的真谛。
读万卷书，行万里路，如果心有余力，再和一万个有料的人聊聊天，堪称完美的精神生活。

餐馆与夜店

餐馆和夜店，当然要放一块儿说，这是饮食男女，人之大欲。

严肃起来，都说感官世界肤浅靠不住，但多数时候，就是它影响和引导了你的各种行为，让你成为一个胖子和恋爱狂，不服不行。

由于我自幼立志做个瘦子，势必要长期管制我拿筷子的手，边吃边锻炼意志品质。可惜了多如牛毛的中国的餐馆，吃不过来地吃。

我吃得少，却不耽误我热爱一切动机单纯真挚的饭局，乐此不疲地参与订位、点菜、荤素搭配、宾主频频举杯等常规程序。推杯换盏的氛围让人陶醉，远胜过饭菜的口味。这就是中国特色——我不曾见过比聚众吃饭更融洽祥和的社交形式，觥筹交错间，当天的菜式散落在各人的胃里，同样的营养结构同一时间被胃液消化，再被吸纳进每一个细胞壁，哪怕饭局结束人们已经四散开去，食物气息仍然流淌在身体里。如果想和谁长得像、关系近、气场通，多相约吃饭就是，反之，与交恶的人吃饭，两筷子就伤了你的真气。所以，要慎重挑选共餐的对象，有的人真的实在不配，除非你想把怨念也一同嚼碎了咽下去。

傍晚的局约在餐馆，再晚的局，就约在夜店了。

夜店是个涤荡灵魂的好地方，因为夜店充斥的几大元素，与平淡生活最远，与潘多拉的盒子最近。再找不到其他场合，能把各种真假酒精、震撼到耳鸣的音乐、变幻莫测的灯光，尤其是那些漂亮到不像话的人，杂烩在一处，让夜夜掀起狂欢，无休无止。过完压抑和隐藏的白天，夜店总有办法把灵魂展开释放，让喜悦的人更喜悦，让悲伤的人更悲伤，让孤独的人更孤独，让迷惘的人更迷惘。要是有人拎不清自己的症结，可以开瓶啤酒吧台上坐会儿，保证你怀揣心头小疙瘩来，心口压着大石头走。片刻放大苦楚是有好处的，大了才看得清。

夜店不但对心理健康有好处，还有利于舒筋活血。只要挤进金蛇狂舞的人群，凭借音乐与气氛激发出的肾上腺素，不用喝酒就可以自然HIGH，一直HIGH到双腿绵软、汗流浃背。这时候再回到卡座，稍事休息，吃个果盘，夜店生活也要讲究个有张有弛。

夜店里也会交到朋友，比如说上一次，一个身材与我相仿的姑娘坐邻桌，同来者男性友人居多，她略显孤单，索性拉我去结伴跳舞。

跳到高潮处，姑娘问我："以后一起玩啊？"

"好啊！"我回答。灯光闪烁间，我看到姑娘挺漂亮，满心欢喜。

姑娘诚意无限，自我介绍："我叫文文，87年的。"

我一惊，脚下险些拌蒜，马上定定神，想她不过是初出江湖，我才德高望重。

"你叫我潇姐吧，我是78年的。"我也自我介绍。

"啊？你78年的！真看不出来，阿姨，你真年轻！"姑娘掩饰不住的惊讶，由衷地算是赞美我！

我一阵错愕，叫我什么？阿姨？！我刹那间兴致全无，顿时觉得高跟鞋踩得脚脖子酸疼，回桌边喝水。

放眼望去，满场游走的都是袒胸露背、身材高挑、神情倨傲的年轻姑娘，午夜1点钟，还有几个78年的阿姨盘踞在这里？是我辈退出江湖的时候了。

江山代有才人出，78年的阿姨，适合在家看看电视，扭扭腰，吃吃果盘。老将军功成身退以后，只要房前有松柏生长，身旁有儿孙绕膝，就可以轻松消磨掉余生里漫长的意兴阑珊。我不妨也从此着手种种松柏，生生儿女。夜店里仍然继续上演不散的筵席，而我已经起身离场，时间刚刚好。回头一望来路依旧歌舞升平，在此，向我战斗过的夜店致敬。

不知道MSN那边，我那困惑的朋友是否理解了我所说的人生意义。只要是因为之前的努力得来，只要能让你获得真实的愉悦，就是你应得的。命运已经让你痛苦过了，现在塞给你人生礼物，还不赶紧拿着？给你你却不知道拿，才真正是暴殄天物，虚掷光阴。

如果你较真儿起来非要问我：一路上刻苦学习、努力工作，又辛勤创业，这一切终极目的和永恒的意义是什么？我只能告诉你一个真实而庸俗的答案，为了吃喝玩乐。而一切的披星戴月和早出晚归，都是为了能让吃喝玩乐再多一次，再上一个台阶。

还有，不能满足和拘泥于眼下的这点甜头儿，而是要持续努力，直到有能力选择在任意的时间、任意的地点吃喝玩乐，与此同时，让自己的思想仍旧可以任意驰骋，这才是一种我所深深向往的自由。

通过勤奋思考和不懈努力得来的这种可贵的自由，马斯洛的需要层次理论称之为自我实现。

钱够时间够的时候，就旅行，不够，就先读书。灵魂与肉体，至少要有一个在路上、在别处，否则，人若是在一潭死水里溺得太久，就枯萎了。读书在马上、厕上总可以抽空儿，旅行却一定要趁年轻赶快抓紧，最好是踏遍青山人未老。趁牙口好、肠胃好、膝下无儿女承欢的时候，仗剑走天涯。

鲁迅先生说：必须如蜜蜂一样，采过许多花，才能酿出蜜来。当书籍和旅程越积越多，就算没能厚积薄发，眼界和格局也总会随之大一点儿。

平常心要以见多识广为基础。当沸点越来越高，人慢慢就变得淡定了。

读万卷书，行万里路，如果心有余力，再和一万个有料的人聊聊天，堪称完美的精神生活。

只有经过验证的才是真神！

人们怎么就知道土豆适合烧牛肉，西红柿适合炒鸡蛋呢？经年累月慢慢试验出来的嘛。同理可得，在时间够长且代价微小的情况下，应该也能通过不断试验的方法，找到最适合自己的形象、工作以及男人。

神农尝百草，爱迪生做一千次实验，人要想真正了解自己和世界，是要有点儿探险精神的！

只可惜时间有限，所以出错要趁早，排除掉错的以后，对的才好早点儿到来。

马啦在后现代城的新工作室开张了，现场高朋满座，盛况空前，众多男女潮人到场祝贺。

马啦是我大学的同届校友，而且竟然与我同年同月同日出生，自然都是极端的天蝎座，还都是偏执的A型血。十年之前，我们在跨系的聚会上相遇，她与我一样周身肥圆，如今却将自己塑造得比我还要消瘦。消瘦的人，比较容易拥有凛冽的气质。

开业酒会上，马啦隆重推出了她工作室的第一批作品——26记之金属拉链系列。"26记"指的是将众多款式的棉质贴身黑衣裙，分别辅以26种材质配饰。所有的衣裙，都由马啦自己设计完成。她在大学读的是电影文学，毕业之后一直投身于时尚杂志界，不过这有什么关系。我现在所从事的，也不是我的科班本行，觉得有趣又够胆的话，一切都不在话下。

马啦在时尚杂志圈里浸淫了这些年，现在搞出一堆黑糊糊的衣服，我感到奇怪。因为过去十年中，每次见到她，她的穿着与发型都与上一次迥异。比如第一次是顺直中长发和立领收腰小西服，下一次就可能是红色短发和波西米亚流苏披肩，再一次又是非洲爆炸头配搭彩色丝袜。总之，但凡场面上耳闻目睹过的漆皮与网眼、英伦与朋克，在马啦身上都曾经找到过。

每次见到她之前，真是无从揣测她的新形象，终于见到她之后，都禁不住一激灵。要知道头发和衣服这层包装有着不可思议的效应，我每次都恍然间觉得马啦已经幻化为另外一个人，需要通过接下来的谈话和交流，望闻问切，真正的马啦才能冲出她的新壳，渐渐鲜活生动起来，让我确认这还是她本人。

由于以上原因，我一向主动和她约在人流量相对稀少的地区，这要是相会在熙熙攘攘的西单街头，我不得不像个失忆症患者一样，与每一个由远及近的身影上前相认。

小酒微醺之后，马啦邀请女性来宾试穿她的拉链系列，广泛征集意见建议。我挑了一件抹胸处坠有金箔的黑色小裹裙穿起来，又蹬上马啦的细跟高跟鞋，镜子前面转了几圈，裙子和我绝对相映生辉！其他姑娘也纷纷挑了自己中意的式样，穿好又走来走去，磨蹭着不肯脱下来。看来这第一批作品，好评如潮。

马啦在一旁看着大家，肯定是满心欢喜，不住和大家交换改进意见，时而发出她那具有代表性的大笑，凛冽而富有张力。

"你怎么就想起来做26记呢？"我对灵感来源最感兴趣。

"因为我喜欢啊！"马啦的回答太像我常用的句式，不愧是同日生的，但我还是觉得奇怪。

"你喜欢的东西多了去了呀，何止26啊，260都有了吧？你从里面精选的？"

"哈哈哈，我这十年是穿了好多好多各种各样的衣服。"马啦大笑承认。

"何止衣服啊，还有您那发型。呦，最近一年倒真没怎么折腾，一直是小S头嘛。"我继续挤对她。她一点不介意，还配合地抚摸起她顺滑的短发来。

"其实三十岁之前，我不知道自己喜欢什么衣服。我是这半年刚知道的。"马啦抿了口香槟，继续说，"我是把好像有点儿喜欢的衣服，都拿来试着穿了。有意思的是，不同的衣服上身以后，人的状态也跟着变了，甚至连性格都随着变了，影响到我做人做事。发型也是这么回事儿。这么些年，我还是觉得，当我穿上黑色、棉质、贴身、剪裁简单别致的衣服，从里到外最舒服，最像真正的我自己。"

没错，对的衣服配上对的人，正如行头之于名角儿、铠甲之于武士，气场天然合一，坐下来可慰藉内心，走出去可拔剑战斗。

我心中暗暗惊叹，马啦如今所喜欢的，竟然和我多年的爱好殊途同归。好在我不需要像她一样经历漫长的探索，从来就爱黑色和贴身的衣裙，也爱细节处华丽的点缀，早年是因为觉得显瘦，后来渐渐觉得适合。我自觉很幸运，况且这探索实在是太破费了。

"是不是觉得这样的衣服不好买，所以你决心自主研发？"我觉得现在我就是马啦的衣服知音，对她的动机已经全然了解了。

"没错！想要的要么买不着，要么买不起。与其等着别人做出来，等自己挣够钱买，不如咱自创品牌，咱自己做！"

马啦一仰脖，香槟干了，真来劲！我都想上去拥抱她了。

衣服试完了，人群自动按气场和话题分成好几拨儿。马啦把我介绍

159

给一个小麦色皮肤的俊朗型男，型男自称军军。

军军身边围了好些姑娘，我开始以为这是型男效应，旁听了一会儿发现，型男原来是位健身教练兼营养师，姑娘们都仰着渴望的小脸儿，针对自己的外貌和身材，迫切地和军军开展Q&A呢。

军军的职业素养相当好，一直微笑倾听大家七嘴八舌的提问，有些弱智问题我都烦了，他还能有礼有节地作答。所有姑娘的心情我都特别理解，我对此的观点也很明确，早说过了本来大家都有硬伤，为了世界更美好，各人医好各人的就是尽了本分。万一硬伤实在太硬，只能死马当活马医。重点在于死马也要医，斗志要始终昂扬，不能轻言放弃，破罐破摔，否则取乎其中，仅得其下，最终全线崩溃的时候，只有哭的份儿。

姑娘们求知若渴，我都开始借着酒劲儿犯困了，她们还在不屈不挠地发问"我想减肥应该戒肉还是戒米饭"、"排毒是喝茶更管用还是出汗更管用"、"为什么她吃辣的没事儿，我一吃就长疙瘩"等等，诸如此类，我渐渐觉得她们翕动的嘴就像金鱼冒泡，听得两眼直冒金星。虽然我对减肥排毒祛痘的知识也相当渴望，但放着网上铺天盖地的咨询不看，却在这美好的周末午夜里，劈头盖脸逼问一个阳光型男，我有点不落忍。

型男军军终于招架不住，苦笑着说："人和人的个体都不一样的，很难说哪种方法对谁有用。我今天晚上的总结性建议是，汇总网上的、民间的、你朋友试过有效的方法，排队列表。注意只选择里面对身体伤害最小的，然后一个一个去试。直到找到对你有效的方法为止！"

试！又是这个词，我一下子不困了。转过头寻找马啦，她正在我身后，神色诡异地点点头，然后与我相视而笑。

鉴于今天晚上女性的势力过于强大，军军和几个男的知趣地送完祝福先撤了。剩下的姑娘更加肆无忌惮，以马啦为首，大谈爱情道路的各种心得。

马啦与我同龄，感情道路相对我可谓过犹不及，也是跌倒爬起，坐拥大把经验教训。善于总结是个特别好的优点，尤其对于逻辑缜密的天蝎座，有望练就百毒不侵、金刚不坏之身，哪怕春花秋月当前，依然明察秋毫，而后能越挫越勇。

"看过钟丽缇版《色·戒》吗？"马啦显然一副要抛砖引玉的架势，一反常态地微微收敛下巴，城府颇深的样子。

大家面面相觑："《色·戒》不是李安的吗？钟丽缇那个不是三级片吗？"

我马上响应马啦："李安的《色·戒》比钟丽缇的三级多了！剧情完全是两码事。"

马啦说的这个我还真看过，有发言权："片子说的是，一个从小在寺里长大的喇嘛，看见钟丽缇，动了凡心，还俗了。和钟丽缇结了婚生了子，做了买卖，和仆人偷了情，最后又悟了，二回剃度，还是皈依了佛门。"

"没错，就是这个！"

马啦很高兴，接着讲："这里面就提出一个问题，喇嘛说：你们说红尘不好，女人不好，我都没见过我怎么知道不好啊？教我怎么打心眼儿里抗拒我根本没见过的东西呢？我觉着红尘和女人看起来挺好的。人家释迦牟尼可是王子，好吃好喝，三宫六院的到二十九岁，人家悟了，那是因为人家什么都见着了，人世间好东西都全了，还觉得没劲，还是佛法好。所以我要去亲自看，亲自体验，回头我再决定，我应该选择什么。"

马啦讲着讲着又喝酒，大家都不吭气，耐心等听结论。

"同理可证，大到信仰、世界观，小到衣服、减肥，全是这么回事儿。别人怎么说怎么做，瞎支招儿，都没用，你也就是听听，参考一下。必须得以身试法，自己去找到自己的答案。谈恋爱也是一样的！你喜欢什么人，和喜欢的人是不是真能相处，最后能不能结婚，必须勇敢考察，坐那儿自己干想，或者是听信别人意见，都瞎掰！"

几个姑娘表示赞同，还说找工作也是这个道理，也有反对的，一个说："那哪儿成啊？时间耽误不起啊，等到试一个遍，倒是想明白了，也快入土为安了。再说了，不是所有人遇事儿都迷糊啊，也有那种从小立下人生志向，就一条道走到黑的；也有青梅竹马就能白头偕老的啊；要说衣服，你看可可·香奈儿（Coco Chanel），风格多统一、多永恒啊。"

马啦酒劲儿和狠劲儿同时上来了："谁让你变成大妈了还试啊？我是让你把错误都截止在前半生，到三十岁就应该试差不多了，再往后推倒重来就费劲了。前半生观察思考，才能过上舒坦明白的后半生，否则四五十岁还推倒重来呢，得多悲剧啊！"

"是啊是啊！"大家已被气势震倒，没过脑子就随声附和。

"还有，我说的是，如果遇到选择性困难怎么办——如果，你要一开始就知道想要什么当然最好不过啦，但多数人不是做不到吗！既然做不到，就要用排除法，把曾经以为是，但试过以后肯定不是的，从你人生的大表上，划掉！"

马啦左手这么一比划，连带右手半杯酒基本泼出去了，她索性把酒杯搁桌上，用手指头点着桌子说："数学里面，这叫'试错法'！懂吗？'试错法'，这是科学！"

这回大家好像真懂了，纷纷开始过脑子，房间里特别安静。

"那、那我还有个困惑的地方……"一个一直沉默的端庄范儿的姑娘终于发问了。

"说。"马啦的吐字，跟小钢镚儿似的，显示出她正处于旺盛的小宇宙。

"比如说，我喜欢了一个人，本来是普通朋友，聊得也很好，就试着跟他好了。可是，一试，觉得其实合不来，跟聊的时候，落差特别大……"

姑娘有点说不下去了，但我们大家已经心领神会，并且马上有同病相怜的姑娘把话题引向纵深："这种事我也有过，和一个人聊得再好，也没法预料是不是合得来。一旦试过发现合不来，往往以后也没法再聊了。这真是个遗憾的悖论。"

这个姑娘描述得直接多了，但无奈之情溢于言表。

我们越想越觉得这个事儿有特殊性，跟找工作买衣服和减肥有很大不同，于是殷切地看着马啦，等待她的点拨。

"呵呵呵。"马啦竟然笑了。

我们不明所以，都很茫然。

"来，亲爱的，让我告诉你，只要确保不产生毁灭性后果，都可以照此办理。"

马啦俯下身，掩嘴做耳语状，像要传授一个千年秘密。

我们屏住呼吸，洗耳恭听。

马啦终于说了："只有经过验证的才是真神！"

这一句话如醒世恒言，让我周身一振、心明眼亮，多少杂乱的小心思都被瞬间涤荡。

这句话其实我是听过的，比如"实践是检验真理的唯一标准"，比如"想知道梨子的滋味，就要亲口尝一尝"。但这一次听到，才算是懂了。

午夜早已过去，我顶着北京的沉沉夜色离开马啦的工作室，迫不及待地要回家去列出一个大表，我要赶在三十岁未完的这一年，厘清那些遗留的，还未清晰的人生细节与愿望。

一切应该很简单，我只需要应用"试错法"，确定，或者划掉。最后，我的心会清晰隽永，如一片剔透的叶脉。

重点在于死马也要医，斗志要始终昂扬，不能轻言放弃，破罐破摔，否则取乎其中，仅得其下，最终全线崩溃的时候，只有哭的份儿。

善于总结是个特别好的优点，尤其对于逻辑缜密的天蝎座，有望练就百毒不侵、金刚不坏之身，哪怕春花秋月当前，依然明察秋毫，而后能越挫越勇。

前半生观察思考，才能过上舒坦明白的后半生，否则四五十岁还推倒重来，得多悲剧啊！

和一个人聊得再好，也没法预料试了是不是合得来。一旦试过了发现合不来，往往以后也没法聊了。这真是个遗憾的悖论。

越年轻的时候，越可以应用"试错法"，在不违反健康、不触犯法律的基础上，搞清哪些东西是真正适合自己的。为了让以后的岁月做对的概率更大，不妨前期多试点儿错的，磨刀不误砍柴工。

Part 4 | 美容篇

"掌控身材的女人才能掌控命运。"

谁的肉身没有硬伤？

现代高超的摄影、修图及整容技术有个弊端，就是催生出了一批广告里美轮美奂的人儿，让不明真相的群众对比之下相形见绌，自卑感油然而生。

多看明星化妆前后对比照，无情揭开梦工厂的面纱，不失为取得心理平衡的好办法。

人和人在观瞻上生而不平等，没处说理，但总有改良余地嘛。常言道：三分天注定，七分靠打扮。

当我和小曼生长发育差不多完成的时候，购物模式也初步形成了。逛街的时候，我看高跟鞋，她看平跟鞋；我买祛痘膏，她买增白霜；我买提臀丝袜，她买海绵胸衣，真正是缺什么补什么。

我和小曼在外表上绝对算各有千秋的，概括说就是，我没有的她有，她没有的我有，而且分布得相当平衡。从我俩身上看来，上帝似乎是公平的。比如说，上帝给了我比较白的皮肤，但脸上皮肤毛病多。小曼肤色黑点儿吧，但肤质很好；又比如，上帝给了我浓眉毛，但我头发特少，上帝给了小曼密实的秀发，却基本没给她眉毛；再比如，上帝给了我禁得住考验的上半身，但是给我一个平坦的屁股，小曼虽然上半身薄弱点儿，但屁股堪比拉丁美人儿；还比如，上帝给我一个不爱长肉的小腰儿，可我但凡有点肉就长在大胳膊上，一招手还颤悠，有如路口挥别孙子的街道大妈；小曼一发胖就只胖中段儿，藏在衣服底下，反而俩小胳膊一直像中学生一样劲道儿。

所以多少年来，我俩根本顾不上羡慕对方的长处，都在闷头紧锣密鼓地恶补自己的硬伤以期超过平均水品。当长跑运动员被人落下太远的时候，就没心气儿去追了，就是这个道理。

这种昂扬的斗志保持到我俩前后脚儿进了北京广播学院（现在叫中国传媒大学），才发现天地广阔，人外有人。全国各地的姑娘环肥燕瘦，济济一堂，个个都对自己的外貌严阵以待，每天早晚跑步跳绳劈叉敷面膜，无所不用其极。

那个时候我们最关心的莫过于上镜效果，彼时都还是年轻姑娘，面庞圆润。但是圆润在镜头前那就是硬伤，非得俩腮帮子都用深褐色搽上重重的阴影，在削骨术还没流行之前，那是最好用的障眼法。弄得我现在翻出过去的女同学课间合照，都吓一跳，连我在内，个个都抹了两块锅底灰，却向镜头妩媚地笑着，憧憬着光辉的电视事业。小曼就从来不用涂锅底灰，她一上镜，就是标准的鹅蛋脸，可怜的我对自己的腮帮子纠结了四五年。

上帝从来就不是公平的，天资这件事，往往最令人困惑与无奈。你那么辛苦维持和争取的，别人却似乎不费吹灰之力。有的人吃多吃少，锻不锻炼，身材都凹凸有致，有的人天天白水洗脸，顿顿辣椒下饭，照样肤若凝脂。这还只是单单指外貌，要说到音乐和体育，那就更没有办法攀比。一攀比，唯有让人越发感到深深的绝望。

看看电影里的女主角，再看看镜子里的自己，感到过瞬间绝望是很正常的一件事。绝望之后，就可以置之死地而后生了。

契诃夫小说里写过一句话，他说："甭管大狗小狗，就按上帝给的嗓子叫吧！"还有一句据说是艾森豪威尔母亲的名言："既然你决定不了抓到什么牌，你能做的只有用你手里的牌打下去，并努力打好。"这个态度就特别端正，翻译成美容理念就是："甭管生成粗腿细腿，你能做的就是努力锻炼让它变细，或者是学会穿衣服让它至少看上去细。"再概括点儿就是："硬伤已经在那儿了，你能做的就是尽量改善它，让它不明显。"

我稍有体悟之后，就努力按这个态度生活下去，直到我遇到塔塔。

我读书时和塔塔相识在京郊的滑雪场，第一次见到她，她穿着厚重的滑雪服，戴鲜艳的大雪镜，半张脸都被遮住，只露出红扑扑的小脸蛋，单板利刃一闪，整个人倾泻而下，那个流畅轻盈啊，让人耳目一新。由于没看见脖子以下的形状，我以为她还是个少女。

这就是塔塔的硬伤所在。她长了一张少女的脸，和一副……呃，怎么说呢，熟女的身材。

塔塔对自己的硬伤通常不以为然，心血来潮的时候会偶尔抓紧减肥，之后一高兴又统统忘却。一开始我以为那是双子座的特性，不像我们天蝎座这样对目标隐忍和坚持。后来我才了解到，她有独门秘籍。

"灭绝组"成立之后，塔塔带来了一股时尚界的新风。作为时尚类杂志写手，塔塔经常需要与摄影师和化妆师组团儿工作，甚至亲自作为模特参与杂志拍摄，耳濡目染，掌握到了许多第一手的新鲜八卦和美容知识。

八卦在此就不表了，很多惊人的小道消息均可散见于各类网站和杂志。以下是塔塔传授给灭绝组的宝贵知识：

第一，每一个凡人的肉身都有硬伤。

第二，鉴于大家已经生活在互联网和媒体时代，很多时候人们看到的你的样子，是你在媒介中表现出来的，而非你本身（"灭绝组"外围成员，英文特别好的米秀将此概括为 You are how you look），这就是为什么明星看上去都很美，因为他们只把美的一面拿出来给你看，营造出一种她们随时随地都很美的假象，你也可以。

第三，敢于和善于利用以下的工具，这些工具有助于有效地掩饰你的硬伤。

化妆有三宝：BB霜、眼线、遮瑕膏。

照相有三宝：低头，半侧，手叉腰。

PS有三宝：修补、液化、调色调。

第四，实在不行，现在整容技术已经上了大台阶了。

塔塔的所有总结里，最让人欣慰的就是"大家的肉身都有硬伤"这一条！这可不是空穴来风，是各大明星化妆师亲口透露出来的，他们不但能够对明星的硬伤如数家珍，还能说出为他们量身定做的弥补方法，让他们仍然看起来美轮美奂，惊为天人。

有完美榜样是好的，能让我们矢志不渝地去为追求完美而努力；知道榜样其实不完美也是好的，避免我们成为偏执狂，或者因为目标难以企及而自暴自弃。

塔塔就是在这些观点和工具的帮助下，让她的少女脸蛋和熟女身材和谐相处。经过以上九宝的雕琢和修饰，塔塔出现在时尚杂志上的照片，都形容姣好，毫无硬伤。好在我们"灭绝组"成员都还没到"实在不行"的份儿上，真等到眼袋耷拉的那一天，最次最次，还有整容技术在前面等着，此时有上述"九宝"已经可以高枕无忧了。

有了塔塔的鼓励，至少报摊上的各种艳光四射的照片对我和小曼已经构不成任何刺激。姐们儿好歹符合三庭五眼，外加七头身。需要姐们儿的时候，打个响指，九宝齐上，不惧任何杂志。从此，我们在心目中供了九宝为神。

距离塔塔教育我和小曼之后已经很久了，有一天我接到塔塔的电话："我们公司来了一个新人儿，特别美。"

"有多美啊？"塔塔见过明星多了，她都说是美人，肯定错不了啊。

"小脸，身材特好，大长腿，穿什么都好看。"

"头发好吗？"这是我心病，非得确认头发也好才甘心。

"好啊！大长头发，有点大波浪的，范儿特正。"

"她干吗的呀？"塔塔那可是专门伏案写字的公司，有这么美的姑娘不白瞎了吗！

"她是我们这儿做客户的。"

"那还行。"

"而且她性格还特好，爱说话儿，我们都喜欢她！"塔塔还来劲了。

"这么说这姑娘没一点儿毛病啊？"我就不信了，塔塔自己说过什么来着，都有硬伤！

"就说呢！我跟大红玩去了啊，那美人儿就叫大红！"塔塔啪地把电话挂了，留我空惆怅。这大红，得美成什么样啊？

再下面两个星期，塔塔和大红混熟了，并且认定大红完全有资格加入"灭绝组"，是不可多得的新鲜血液。因为，一来大红漂亮，有助于提高"灭绝组"整体水平；二来大红说话心直口快，自然不做作，这点特别难得，和我们特别合拍。我和小曼听了也欣然同意，队伍眼看就壮大了。

又过了一个星期，塔塔打来了一个神秘电话："你猜怎么着？"

"怎么着？"没头没尾的，上来就抖个包袱，我上哪儿知道去啊。

"我天天当面夸大红，漂亮，没毛病，你猜怎么着？"

"大红整容的？"我觉得我猜对了。

"大红没整容！天生丽质！"塔塔还不干了，让不让人猜啊！

"大红被大款包了，不在你们那里屈就了。"我开始发挥无穷的想象力。

"大红就不是那人！"这次我又猜错了，但我很欣慰。

"你说吧，我不知道了。"

塔塔明显倒了口气儿，才继续说："大红今儿上午突然表情平静地问我：你记得你小时候胸部没发育的样子吗？我说：记得呀。怎么了？大红说：我就那样。"

我怔住，缓了半天，问塔塔："真的啊？后来呢？"

"后来，她到洗手间给我看了一下，真就那样。"

后来，可爱的、直率的、美丽的大红加入到了我们"灭绝组"。

我们都有硬伤，但瑕不掩瑜。

作为女性，你的外表和你的性格共同决定你的命运，这是残酷的现实。

无论哪朝哪代、东方或西方，端庄路线是永远不会错的。装也要装得像。

学好化妆术，拾掇好再出门。你自己会开心，别人对你会多点耐心，百利而无一害。

硬伤已经在那儿了，你能做的就是尽量改善它，让它不明显。

有完美榜样是好的，能让我们矢志不渝地去为追求完美而努力；知道榜样其实不完美也是好的，避免我们成为偏执狂，或者因为目标难以企及而自暴自弃。

甜美无害与冷静锐利

当女生问一个关于她美不美的问题时，她要的回答是肯定的赞美，不一定是客观事实；当女生问一个显而易见的缺陷怎么改善时，她只是像倾诉和表达，不一定是解决方案；当一个女生明知解决方案但没实施，是因为她认为自己还没有差到那个亟待解决的份儿上。

是缺点就去面对，改不了的就接受，有希望改进的就去行动。意识到缺点而不改变，只会令进步缓慢。

小颖和小雪是同龄女生，其实她俩从未认识过，但都担任过同一个职务——我的助理。

2007年到2008年间，我的助理是小颖。

小颖身体纤细，脸像猫的脸一样短小，轮廓也像猫的脸一样好看。小颖喜欢随着说话主题的改变变换表情。眼睛本来就大，做惊讶状的时候就瞪得更圆，睫毛都根根竖起来；假装苦恼的时候双眼连同鼻子眉毛皱成一团，生动有趣，像是一个动画片里的小女孩。

小颖本来是隔壁公司的前台，周一到周五早晨，她向每一个经过的人微笑问好，无论这人是不是到访她所在的公司。说是微笑，其实她的每一次笑都会活泼地露出白牙，笑得让人不忍回避。如果偶尔上前和她说话，她会马上起立应答，说完谢谢、再见一定再补一个露白牙的笑。时间久了，我对她心生好感，邀她当了我的助理。

新的工作开始了，成为同事之后，小颖的早晨问好、活泼的白牙笑、生动的表情我们每天都可以见到。除此之外，还有更多有趣的交流，比如：

"潇姐，你说我小腿胖吗？"小颖问。

我认真打量，然后告诉她："不胖。"

"我怎么觉得照镜子时候显得特扎眼呢？"小颖跳到我前方不远处，把小腿摆来摆去的给我看。

我于是又整体看了一遍，告诉她："你整个人瘦，小腿单看也瘦，但整体看就没那么瘦了。这是参照系的原因。"

"那有什么方法减小腿啊？"小颖做苦恼状，双眼连同鼻子眉毛皱成一团，像卡通人物一样。

我说："……"（此处略去200字）

过了一阵，我发现她几乎每天都会提出一个需要解决的自身问题："我头发是不是特毛燥啊？""我皮肤好干啊？""我英语不好怎么办？"

只要提问出现在工作时间之外，我都一一回答"用完护发素裹上毛巾""多做补水面膜""订个计划每天学习一会儿"。

然而我又发现所有问题会在大概一周之后产生循环，当她再一次问我"我小腿胖吗"时，我开始不解了。

"你问过我了，我告诉你了呀？"我问她。

"可是我还是觉得小腿有点儿胖。"小颖执着地望着我，又跳到不远处给我看。

"上次我告诉你那方法你练了吗？"我问她。

"还没开始练呢。"小颖露白牙笑了。

"问题没动手解决当然就还在啊！"我懒得再次重复上周的回答了。

半年过去了，关于小腿粗、头发毛、皮肤干、英语差的问题，一个都没解决，而小颖依然乐此不疲地和大家讨论她这几个地方，我不和她互动了，她就找别人说，有时候话题一聊能聊很久，办公室响起欢声笑语。

我当然不反对欢声笑语，但有一点我总是不明白，有天午休听见小颖又和同事说起那些问题，我忍不住走上去很认真地问："为什么不停地确认这几个地方是不是缺点呢？是缺点就面对，改不了的就接受，有希望改进的去行动就OK了么。"

小颖不笑了，像看一个外星人那样看着我。

僵了几秒钟，旁边一个男同事摘下耳机转过头，慢慢地对我说："当女生问一个关于她美不美的问题时，她要的回答是肯定的赞美，不一定是客观事实；当女生问一个显而易见的缺陷怎么办时，她要的是倾诉和表达本身，不一定是解决方案；当一个女生明知解决方案但没实施时，是因为她认为自己还没有差到那个亟待解决的份儿上。"

简直是至理名言！我心中赞叹，总结道："所以这必定是一个无限循环！"

"所以小颖是一个典型的女生。"男同事微微一笑，戴上耳机。

如果总是在感觉、交流和倾诉中徘徊和等待改变的降临算是一个典型女生的特征，我觉得做典型的女生真是一个令进步缓慢的选择。

两年后，小颖由于家人身体需要照顾，公司又离家太远，只好暂时先中断工作。吃告别饭的时候大家看着她的笑脸和白牙都有点依依不舍，我最遗憾的是，两年过去了，她常常念叨的那几个问题一样都没有解决，随着她一起离开了公司。

2009年到2010年间，我的助理是小雪。

我面试小雪的时候，简直是"一见钟情"的。

小雪瘦且白，穿衣风格简洁，整个人显得非常清爽干净。她有一双当红亚洲模特的那种眯眯眼，眼梢隐约向下，有些角度让我联想到日本或者唐代的工笔人物画。小雪说话的时候习惯面无表情。当我提问，她就只围绕问题做最精简的回答，当我说一段话，她会直视着我的眼睛，只回答一个字："懂。"有趣的是，每一次小雪说"懂"的时候，她都会令我相信她真的懂。

小雪给我的趣味还在于，和之前的助理小颖对比起来，她们俩就像是硬币的两面，有着截然相反的思考方法和差别极大的表达方式。

小雪第一次陪我参加活动，在活动现场说："你今天穿这个不好看，上期博客里那个好看。"小雪的语气如此肯定不容置疑，没有情绪，只有客观观察和陈述事实。

小雪第一次跟我见客户，回来路上突然说："那个人不坦诚。"

我也看出那个人不坦诚，但很想了解小雪的想法。"所以呢？"我问她。

"所以你也不需要和她坦诚地谈话。"

"为什么？"

"因为她会依据自己假设出你也不坦诚。她还会想，你竟然可以做到听上去像真的一样，你真阴险！"

小雪很神秘，相处了很久以后，一次开车出去，小雪指着时尚街区沿途灯箱上一个英俊的男模说："这是我男朋友。"

我很惊叹，然后问她："你怎么早不说哪？"

"男模最好没有女朋友，我说了，影响他发展。"

"这是他的主意？"

"这是我的主意，我告诉他千万别说，如果别人问起就微笑神秘沉默。"

"你期望中以后的自己是什么样？"我很想知道小雪对自己的期待，好奇地问她。

"反正不是你这样。"小雪低头看着自己的手指头说。

"哈哈哈。"笑完的我陷入了沉思。

做甜美无害的人，就是像小颖那样感性地生活着，抒发自己，舒适别人，但大家未必进步；做冷静锐利的人，就是像小雪这样理性地思考着，剖析自己，启迪别人，但大家未必开心。

小雪一直在思考进步，意味着她不会停留，和我一起工作了两年后，她说她要和男友一起去欧洲："他去欧洲做男模，我去欧洲上学。"她依然描述得很简短。

虽然我们不得不分别，但我很开心。最终都是要分别，这次的分别毫无遗憾。

（注：此篇为三周年版新增内容。）

是缺点就面对，改不了的就接受，有希望改进的去行动。

如果总是在感觉、交流和倾诉中徘徊和等待改变的降临算是一个典型女生的特征，我觉得做典型的女生真是一个令进步缓慢的选择。

做甜美无害的人，就是像小颖那样感性的生活者，抒发自己，舒适别人，但大家未必进步；做冷静锐利的人，就是像小雪这样理性的思考者，剖析自己，启迪别人，但大家未必开心。

意志的胜利

减肥成功总是少见，减肥失败才比较正常。人性一直挣扎于感性和理性、动物性和神性的矛盾冲突之间，然而数千年来大多都是前者取得胜利。

而减肥只是这其中的一场小小战役而已，就像两个自己在打仗，一个真想吃，一个真想瘦，而只有让"真想瘦"控制了局面，才能取得最终胜利。

每个月，我都会听到数个女友宣布她们的新一轮减肥计划。常立志总强过不立志，我一律加以鼓励。

计划宣布完之后，按规律前两个星期女友们会纷纷兴奋地汇报战果，我继续给予表扬和肯定。

如果能够严格按计划减肥一个月，应该已经效果显著。但往往就是一个月后，交流进度的女友人数会骤减，直至偃旗息鼓。再见面，并没有我期待中的轮廓清晰和焕然一新，聚餐也同原来吃得一样饱。这些迹象表明减肥计划正式宣告破产。

中间偶有坚持超过三个月以上的成功者，比如小曼。当然，小曼本来基础就不错，但她其间也出现过严重反弹，这半年又恢复成功，保住了战果。

每逢经历换季、拍照或者是爱情挫折，大家的新一轮减肥计划会东山再起、卷土重来，我则再次加油鼓励。春去秋来，减肥计划循环往复，姑娘们则乐此不疲。

减肥和美容，是这个时代妇女一生都必须打的持久战，从来都不是一朝一夕的事儿。从腮帮子到脚后跟，每一个山头都要坚守，都要讲究防御、相持和反攻。虽然一个时期有一个时期的针对战术，但战略上必须长远而统一，而且绝对不可以貌视敌人。

出来混，模样太重要了，因为每个人都在或多或少地以貌取人。人生一盘棋，人家一个俊俏的棋子儿精神抖擞地站那儿，你这厢一个胖子慢吞吞油乎乎地挪出来，还没张嘴就已经输了。

这个年头一旦生为女性便没得选择，保持美丽已成为天赋责任。但凡几个妇女聚集在一起，如果还没有生育，话题必然涉及如何变美再变美。无论素质修养如何过硬，寒暄过哲学与文化，熟稔了以后话题还是会落到美容上来，絮絮叨叨，千古不变。

就我们秀外慧中的"灭绝组"而言，聊完社会现象与两性关系，谈话重心还是要围绕减肥与美容展开。这真的由不得我们，我猜女原始人打从新石器时代起，就在山洞里互相较劲儿了。看见别人的兽皮鲜艳，赶快也跟着闷头缝制一块儿，然后围在臀部扭搭着去诱惑本部落的男原始人，从而分到更多的猎物和果实。她们是物竞天择，为了生存，当代的女性归根结底，好像也是为了生存得更好吧。

传说有干吃不胖的人，我周围好像也有一两个这样的姑娘，遗传所致，天赋异禀。凭着有限的高中物理知识，我试过科学地看待这个问题：热量摄入超过消耗，一定会转化成某种形式贮存下来。那些干吃不胖还不运动的人，就意味着在热量一直大于消耗的情况下，体重保持原地不动，这绝对是匪夷所思的。然而有些人就是违反常识地这么存在着。很多人看到我的表象，似乎体重和身材十年如一日，便把我归类于这种人，但我知道我绝对不是。

十七岁的时候，我一度达到了有生以来体重的巅峰——57公斤！只记得自己初期总是很容易饿，饿了就四下去找东西吃。中学课间食堂有加餐，我动辄去买两个馅饼，有时候上课了还没停止咀嚼，趁老师转身写板书方才慌忙下咽。现在想来我应该是在一年中胖了10公斤，而自己竟浑然不觉。

57公斤对于一个身高163厘米的花季少女来说，一定是不可多得的魁梧。那个时期的同学对身材的概念可能还比较迟钝，没有人对我的变化表示过诧异。第一个提意见的是我爸。

一个普通的傍晚，我家三口人照例围坐吃晚饭，我吃了一碗，又吃了一碗，当我还要添饭的时候，我爸突然把他的饭碗"哐"的一声放在桌上，对我说："你别吃了！"

我吓了一跳，不敢再添饭，十分困惑地看着我爸。

"你知道你自己胖成什么样了吗？"我爸厉声问我。

我没敢说话，我知道自己好像是胖了点儿。

"你那个腰，那个腿，你自己照照镜子。"我爸终于把我的胖具体化了。

我觉得自己没有吃饱，还想再吃，但又不敢。想我的亲爸连饭都不让我吃饱，越发觉得委屈，想着想着流下眼泪来。

"你还哭？"我爸看到我哭好像更生气了。

"胖，也有错吗？"我抽泣着问我爸。我也开始生气，觉得自己家还不让吃饭了，简直太委屈了。

"胖当然有错！"我爸直视着我的眼睛，语气非常严肃。

我很吃惊，连忙看看我妈。

我妈也正在注视着我，我看着我妈消瘦的小脸儿，突然意识到这一次，她可能和我不是一个战线的。于是又只好泪眼婆娑地看着我爸，看他要怎么说。

"胖是懒惰和馋的表现，是自我控制力差的表现！如果你连用自己的手拿起勺子、挖起多少饭、再送进自己的嘴都控制不住，还能做成什么事？"

我刹那间醍醐灌顶。

我惊呆了，平生第一次知道自我控制和胖是存在逻辑关系的。同时，我觉得我爸讲的道理特别地对！我爸这是在告诉我"一屋不扫，何以扫天下"。如果我胖，那就等于是在告诉每一个看到我的人，我长期地、每一天每一顿都在贪吃，都无法控制我的进食量。如果我胖，不但是我肉身的不美，更是我意志的失败。怎么可以让自己的意志失败呢？太可怕了！

那一年十七岁，决意减肥，永不做胖子。

第二天开始，我不再吃课间馅饼，中午在食堂吃西红柿炒鸡蛋和一两米饭，晚上请妈妈做白菜豆腐汤。一开始我非常饿，但我太想瘦了，太想控制自己了，我对美好身材的渴望远远大过对食物的渴望，这个胜利将是意志的胜利。

三个月后，我的体重降到了47.5公斤，和我爸我妈成为幸福的身材匀称的三口之家。

如果说有蝴蝶效应，那应该是从我爸"哐"的一声放下碗开始的。如果我没有瘦下来，也许就考不上广播学院；如果没有上广播学院，就没有后来一系列人生际遇与选择，那么我也不会写下这些字，在这里讲过往有笑有泪的故事、跌倒爬起的心得了。

所以说，眼界改变世界，减肥改变命运。

从十七岁到现在，将近十四年弹指一挥。

十四年里，我的意志大获全胜，我爸再也没指摘过我的身材。但在后来长大成人的岁月里，我不但自发地拓展了我爸的"意志减肥说"，还发现了更震撼的人生容貌计划理论。

从现在起向上追溯七年，2002年7月，我受一本书的影响，在电脑里首次建立了一个叫作"人生计划"的Word文档，那本书的名字叫作《一生的计划》，书的内容对于当时初涉职场懵懂而饱含憧憬的我格外及时有效。

那时地铁1号线的车站里还有书摊，我在国贸站的书摊上买下该书。书很小巧，精装，酒红色的封皮。那种红色因为既富贵又隽永常常被用于地产设计。

其实，书的内容后来被广泛写进各类励志书。总结起来就是：剖析自己，观察世界，然后把自己想过的人生设定阶段性目标，并把目标量化，按照健康、教育、财务、家庭、娱乐等方面做好详尽的表单式计划，时时关照更新，最重要的是，矢志不渝地实现它。

最近煽惑得翻天覆地的《秘密》，无论书与电影，其实还是这个原理的重新解析与描述。我2007年第一次看到《秘密》的视频，就把它认了出来，为这个原理的发扬光大感到高兴。尤其是里面提到的"愿望剪报板"，其实和我的"人生计划表"如出一辙。

我的"人生计划"长达十年，截至今天已经完成了七年，其间当然是更新了无数次。理论上我应该到2012年再进行分析与比对，但是，七年，这个数字是不一样的。

中学的一个暑假，我在发小家看了一部美国电影。名字已经忘记了，情节是女主人公外貌寒碜、出身低微，之后彻底改头换面，用漫长的阴谋赢得梦想的一切，最后被戳穿打回原形的故事。那女主人公长得美轮美奂，她的阴谋被发现后有一段独白，她大概是这么说的："从医学上说，每七年，人的全身骨骼、细胞和血液都会重新自我更新完成一次。如果你想从外貌到气质，全部脱胎换骨，要以七年为周期来塑造自己，七年之后，你就可以再世为人！"

这段话令当时腮帮子上挂着大把婴儿肥的我惊愕不已，永生难忘。那年夏天的晚上，我在小日记本里画了一个女性的形象，那是我想象中的自己七年后的样子，有柔软蓬松的头发，小腰肢，眼神儿坚毅，笑容甜美，穿着端庄合体的衣裙，内外兼修的样子。可以断定，我那不可救药的自恋在少女时期就奠定了。

除此之外，最近有一本流行的中医养生书籍《不生病的智慧》，里面也提到，女性的身体周期是七年。女性会在七岁、十四岁、二十一岁、二十八岁等的逢七年龄边际发生生理的巨大变化，这变化与前七年的修养状况息息相关。男性的周期稍微滞后，大概是八年。

可见，七年，是一个中西合璧的观点。也能够解释为什么婚姻生活有七年之痒，其实是双方各自由内到外已经完全换了一个人。按照唯物主义的观点，存在决定意识，那么七年之痒，绝对是科学的有据可循的规律，经过七年的两人互相能认得对方，已经是奇迹。

这也可以解释为什么多年不见的人，有的容光焕发，让你好奇他这些年过了怎样的好时光；有的则从上到下严重变形，五官比例都已不在，像被施了坏魔法一样。尤其在被施了坏魔法以后与初恋情人重逢，产生了很多心酸的剧情。如果恰巧初恋情人也是臃肿不堪、腆着肚腩，那是因为初恋情人也不知道，七年，意志本来可以胜利的。

从我十七岁立志做瘦子，到订立全盘人生计划，大约是七年；从订立了人生计划到今天当下，又是七年，婴儿肥终于已经退到快要噘腮。眼神依然坚毅，腰肢依然健在。为自己的外貌和体重写计划并实现它，只是人生计划里的一小部分，有道是相由心生，各个方面自然会应该相辅相成。

合理的自恋是个不可多得的积极态度，改良自己的身体，修理自己的心灵，自己是自己最有趣的游戏，自己是自己最骄傲的作品。本来，这个世界上我们真正能控制和改变的，只有自己而已。

至于减肥瘦身的各种技巧和食谱，请参见各大网站的女性栏目，如果你真想去罗马，无论你选择水路还是陆路，最后总能到达，前提是，你真的想去。

出来混，模样太重要了，因为每个人都在或多或少地以貌取人。人生一盘棋，人家一个俊俏的棋子儿精神抖擞地站那儿，你这厢一个胖子儿慢吞吞油乎乎地挪出来，还没张嘴就已经输了。

胖是懒惰和馋的表现，是自我控制力差的表现！如果你连用自己的手拿起勺子，挖起多少饭，再送进自己的嘴都控制不住，还能做成什么事？！

从医学上说，每七年，人的全身骨骼、细胞和血液都会重新自我更新完成一次。如果你想从外貌到气质，全部脱胎换骨，要以七年为周期来塑造自己，七年之后，你就可以再世为人！

腰围是黄金分割和女性体态婀娜的关键，是少女和大妈的分水岭，要拼死保持。

当你对美好身材的渴望远远大于你对食物的渴望，你就可以成功减肥。减不下来那是因为你对瘦的渴望还不够强烈。

附录一

写在三十岁到来这一天
王潇

事业篇

• 无论是打工还是创业，其本质无外乎向老板或客户出卖自己的有形或无形产品。一言以蔽之：大家都是出来卖的。既然是出来卖的，一要卖相好，二要敬业，三不要嫌买货人。所以，第一要保持美丽，第二要多做事少抱怨，第三看在钱的份儿上要适当妥协。

• 付出不一定有回报，努力不一定有收获。学习知识和锻炼身体除外。

• 我们是动物进化来的，即使高级也还是动物，达尔文主义一直适用。只有把自己训练成更敏捷、更强壮的动物，才能活得好点。所以懒散消极肯定不是长久之计，要是在动物世界、在金字塔底的你还这么耗着，已经死了。

- 这个时代的规律就是没有绝对公平竞争，接受这一点，然后武装自己投身到轰轰烈烈的不公平竞争中去。顺应规律而行，也是达尔文主义。

- 先赢了再说。享受你战利品的时候，你心里可以继续愤世嫉俗。不要滥用怜悯给竞争失败的人，因为下一次也许会是你。

- 争取半天的愿望没有实现，一要怪自己学艺不精，二要怪自己运气不好，然后赶快行动起来争取下一个愿望。前面投入的时间精力，统统算作沉没成本。勇于承担沉没成本是出来混的第一课。

感情篇

- 谈恋爱的条件，就是让自己从精神到物质，从灵魂到肉体，因为有了对方都比从前的状态更好。否则何必呢？

- 如果男人现在对你一般，不要指望他会在婚后对你更好，他对你最好的时刻一定是追求期和热恋期。如果这两个时期你尚且对他不满，那你要好好想想了。

- 不妨让他为你多花点时间和钱，通常人投入得越多，就越难割舍。

- 就算你为他已经投入了很多时间和钱，该离开的时候也要利索点离开。勇于承担恋爱的沉没成本，是展开新生活的前提。

- 如果你看中他的钱，在适当的时候要到，这钱才是你的。打铁要趁热，要钱要趁爱！

- 你的直觉往往比事实还准确。

- 两个人最终过起日子来，"也就那么回事"已经是非常好的结局，因为很多人发现婚后"完全不是那么回事"。

- 一个身体再性感，展开后翻来覆去看也就两个平方米，互相失去兴趣是正常的规律。只是晚点失去兴趣的那个人会觉得受伤。

- 成功的感情关系里，爱情是一定会转化成亲情的。亲情就是Happy Ending。如果爱情没了，亲情又没形成，说明该关系已经失败。通常人们用生育来协助这一转化的完成。

- 老人说的道理大部分都是对的，比如结婚要找个踏实顾家的男人，但是这些道理只有在谈上两三个让你遍体鳞伤的恋爱后才会明白。撞了南墙不怕，怕就怕一直没回头。

- 男人也是人，他不是必然比你还要聪明、勇敢、勤劳和富有。如果你不能爱一个男人的本尊，而是爱上你期待中的他的话，你会一直失望，而他会因压力过大而沉默和崩溃。

- 对一个人的崇拜不足以支撑琐碎的日常生活。偶像要走下神坛，他谈完世界观也要去大便。

- 自古以来，就有白蛇和青蛇、白玫瑰与红玫瑰，男人得陇望蜀防不胜防。不如别防了，省下精力多挣点钱，或者美容保养。万一失了阵地还保有战斗力再抢一块。

生活篇
- 越年轻的时候，越可以应用"试错法"，即在不违反健康、不触犯法律的基础上，搞清哪些东西是真正适合自己的。为了让以后的岁月做对的概率更大，不妨前期多试点错的，磨刀不误砍柴工。

- 每个人先天能量区别很大，有的人寡淡无味，有的人跌宕起伏，都是按自个儿的能量定额来的。先天能量这个东西没法攀比，自己跟自己比，满足就好。关键是正确估计自己的能量。

- 欲望不实现就痛苦，欲望实现了就无聊。只有刚刚实现后那短暂的时期是幸福。所以幸福必然是短暂的，痛苦和无聊才是生活的常态。这是我们的欲望决定的。

- 别人的任何选择和决定都有他自己的道理，尽量理解和不干涉。

但如果伤害到你的心灵和财产，一定要干涉。

- 面子是别人给的。别人会把面子给那些坚持表现出诚实、勇敢、勤奋和靠谱的人。不以以上这些元素作为给面子准则的人，你也不用在意他给不给你面子。

- 不用等到什么时机都成熟了再开始做一件事，在游泳中学会游泳，在开车中学会开车，摸着石头是可以过河的。前提是输得起。

- 通常来说有两种状态：痛苦的哲学家和快乐的猪。痛苦的时候，尽量搞清痛苦的缘由，否则就成了痛苦的猪。

美容篇

- 作为女性，你的外表和你的性格共同决定你的命运，这是残酷的现实。

- 无论哪朝哪代、东方或西方，端庄路线是永远不会错的。装也要装得像。

- 腰围是黄金分割和女性体态婀娜的关键，是少女和大妈的分水岭。要拼死保持。

- 学好化妆术，拾掇好再出门。你自己会开心，别人对你会多点耐心，有百利而无一害。

- 如果你单身，建议你保持时刻准备着的状态，也就是说尽量随时都看上去很美。很难说哪朵云彩下雨，也许转角就遇到爱。

- 当你对美好身材的渴望远远大于你对食物的渴望，你就可以成功减肥。减不下来那是因为你对瘦的渴望还不够强烈。

2008年11月3日

早期阅读与性格蛋糕

据我所知，多数人的大量非功能化阅读，都是在中学时代完成的。这些阅读在当时觉得是浮光掠影或者蹉跎光阴，却不知不觉地形成了一个人的基本文化情怀。比如说我初中完成阅读的第一套书是《王朔文集》，这部分阅读教会我使用口语叙述和写作，后来竟然组成了性格蛋糕上的一个重要部分：不自觉地以对小器物小环境伤春悲秋为耻；同时试图用不当真对待生活里出现的可悲可怜和可笑；回回都想占领视角高点，表现自己具有区别于大众的深刻——其实就是刻意地规避小矫情，进而弄成了一种大矫情。

紧接着看《三毛全集》，就是另外一套大漠风沙天边外，地理上出世，风景人物都影影绰绰、暧昧飘摇。这部分阅读组成的性格蛋糕是：记着有平行世界，生活之外有生活，活法自己选，不单一，可以换；眼下的细碎可以不是全部，抽离跳脱总有可能；以他人之眼，以悬浮摄像机看我今日此地之生活，很多都不是事儿。简而言之，叫襟怀旷远。

然后看《张爱玲全集》，就稍微有些晕。她的活儿太细，我又感受太糙，无法做到文字全盘图像化，又觉得聊天方式和冰冷世界无论如何不至于那么刻薄；这部分阅读和大学才看的《亦舒全集》对接上以后，才又迅速适应和喜爱，同时也借助阅读展开了女性眼中丛林世界的真相。

最考验人的是世界观形成时期看《王小波全集》和《百年孤独》，世界观还没建设好就被颠覆，弄得边搭边拆。这个过程中，柔软、伤感和谄媚被我彻底抛弃，开始尝试具备批判、思考和想象精神。王小波说："小时候我对生活的看法是这样的：不管何时何地，我们都在参加一种游戏，按照游戏的规则得到高分者为胜，别的目的是没有的。"加西亚·马尔克斯说："多年以后。"《百年孤独》我看了三个月，那年夏天，每天合上书再迎着刺眼的阳光上学去，那感觉异常奇妙，像在走向我自己的魔幻之旅。

You are what you read. 事实证明你读到过的主人公会上你的身。上个月我到香港，经人引荐得以与某大鳄吃饭。大鳄饭桌上说："是的，我可以帮你，我需要知道帮了你，对我有什么好处？"我听到笑了，在商言商啊，冰冷无情，真不错，这对白很香港很亦舒。反正那些拥有独立人格妄图自食其力的女主人公在张爱玲时代的凄惨到亦舒这里都换成了圆满结局，很像又一世修成的正果，令人欣慰，多亏这块性格蛋糕。

再见犀牛

1999年，大二的夏天，我在小剧场看一个先锋话剧，叫《恋爱的犀牛》。头一回好像是买了20元的学生票，剧场里闷热拥挤，道具简陋。说简陋完全是今天的看法，因为那时候我也简陋，无论是口袋还是大脑。

但男主角独白一开口我就震惊了。台词像诗又像白话，坚定深邃，我好像立马就懂了，又好像没懂。想再琢磨，扑面而来主角配角又是一段词儿，里面似乎谈到了信念、理想、爱情、人生，这些当时我一直在琢磨，特别渴求又特别恢弘的东西；有意思的是，剧情里又不乏有点儿狗血有点儿搞的部分，观众动辄哄堂大笑。当然"狗血"和"搞"也是后来的词汇，我已经无法用现在的语境去确切形容当时的观感了。

我想给你一切，可我一无所有。我想为你放弃一切，可我又没有什么可以放弃。钱，地位，荣耀，我仅有的那一点点自尊没有这些东西的装点也就不值一提。如果是中世纪，我可以去做一个骑士，把你的名字写上每一座被征服的城池。如果在沙漠中，我会流尽最后一滴鲜血去滋润你干裂的嘴唇。如果我是天文学家，有一颗星星会叫作明明。如果我是诗人，所有的声音都只为你歌唱。如果我是法官，你的好恶就是我最高的法则。如果我是神父，再没有比你更好的天堂。如果我是哨兵，你的每一个字都是我的口令。如果我是西楚霸王，我会带着你临阵脱逃任由人们耻笑。如果我是杀人如麻的强盗，他们会乞求你来让我俯首帖耳。可我什么也不是，一个普通人，一个像我这样普通的人，我能为你做什么呢？

反正连我在内，周围观众席里广院、中戏、北电的孩子全都被大片大片的独白击溃，泪流满面，用现在的话叫作集体"中枪"。台词喷薄而出时，只觉血液涌动，胸腔中一股什么气膨胀开来扩散至很大——这感觉今天都太难描述，好歹叫作"情怀的共鸣"吧。少年的情怀激荡黏稠，就像那话剧，不是一个故事状态，而是一个精神状态，里面的爱情也未必是在说爱情，而在说一种纯粹。对纯粹的向往被写入好文笔的台词里，那些台词回到宿舍熄灯后依然引人大声吟诵，孜孜不倦，语气铿锵。诗意的生活，白衣飘飘的年代。

你是不同的，唯一的，柔软的，干净的，天空一样的，
你是我温暖的手套，冰冷的啤酒，
带着阳光味道的衬衫，日复一日的梦想。

我后来锲而不舍地去主动回味这种纯粹，《恋爱的犀牛》从1999年到2012年演了十三年，到今天一千场，男女主角换了五轮，我从二十岁到三十三岁，看了六遍。每看一次，都如阶梯式地在检验一个人怎样失去了少年情怀。我一次比一次冷静地聆听着那些台词，有时看着一代代

男女主角越发稚嫩的脸，我偏执地认为他们不会比我更懂他们正在说什么——当戏剧中段落里的爱情和狗血故事在生活中渐次发生过，所有的台词才终于被赋予了意义。而当你终于完成一段路程时，你不会再像起程时那样指着天边灯塔兴奋宣言，你会淡淡回望，不激动也不感伤。

> 对我笑吧，像你我初次见面，
> 对我说吧，即使誓言明天就变，
> 抱紧我吧，在天气这么冷的夜晚，
> 想起我吧，在你感到变老的那一年。

谢幕时候编剧廖一梅为第一千场出来讲话，她说这是她写的第一篇剧本，看来也是最无法超越的一篇，我深信不疑，就像1999年的少年情怀只有一次。她还说她始终相信《恋爱的犀牛》里的一句台词："上天会厚待那些勇敢的、坚强的、多情的人。"我为这句鼓掌，同时我知道，我不会再来看《恋爱的犀牛》了，因为我不用再来施洗再来回味。今日之后，所有那些激荡过我照耀过我的句子，已经和我融为一体。完成纯粹比追求纯粹更纯粹。

寂寞的事

我的榜样梁凤仪说，写作是一件寂寞的事。

每次启动，只有一台电脑、一桌一椅、一杯水和一个我。接下来就要从脑壳出发指挥手指在白纸上打出字来，先是几个，接着是几行，然后一段段，最后一篇篇。

中间最好手机不响，无声无息，不渴不饿，大事小事都先不管，其他念头也自己退散。如果写上几个小时或者一天，那就是从头到尾自己和自己的相处和对话，自己引领自己在记忆里迂回，无论像开动时光机，冥想还是审视，从日出到日暮，都只是一台电脑、一桌一椅、一杯水、一个我而已。寂寞是因为，你必须长时间地独自经历、独自思考、独自完成，任谁也帮不了你。

但这样的时刻这样的事，也不止写作一件。

小学时，放学后我最寂寞。三四点就放学了，全班三十多人一哄而散，同路的三四个，三四个又都聊不来。但他们骑马打仗拍洋画我也围观，也会合着一起走慢慢地挨到家。世界就是家门口两条街，想多看一眼新鲜的也没有。时间过得特别慢，雨后看天看日光穿透云彩我都能一看两小时。回家做作业迷迷糊糊的也不知道为了什么，知道得了高分叫做好，又不知道为什么要"好"。一天一天的，唉，真是太寂寞了。

第二波庞大的寂寞出现在备战考研那几个月。人已经二十五六岁了，吃过玩过，也知道家门口两条街之外什么都有。我突然就开始一台电脑、一桌一椅、一杯水、一摞各种教材过起闭关生活。日子又短又长，每一天醒来都缺氧，每一天入睡前又愧疚，没完没了地循环。一切并不是我和书本的关系，而根本就是我和我自己的关系。彻夜聊天之后，谈完恋爱之后，那个小人儿还是要去前方的灯塔，还得自己在偌大的世界里慢慢地走。寂寞总是这样，独自思考，独自完成，任谁也帮不了你。

然后就是写东西。在我终于明白了热闹与丰富的关系之后，明知前面是寂寞，也终于可以长久地坐下来了。我还知道寂寞多是来自开始前的遥遥无期，也会来自路途中间的疲劳和自我怀疑。而二者中间总有专注入定的时刻，那些时刻其实特别丰沛，不可多得，画家通宵作画，老者彻夜钓鱼，他们才不寂寞。寂寞总是来自对出发后的不确定，再多人热热闹闹簇拥，听他们说了再多的人与事，自己不知道往哪里去，那不只是寂寞，简直是恐慌。纵然一千个想法同时飞升，说出来引发挚友会心一笑的不过是那几句。哪怕找到一万个三观相同的人激动得热烈盈眶，回过头还是要独自寂静圆满的。

到现在，明白了，原来从开始到最后，都是要经由自己听、自己看、自己写、自己说，本来就是谁也帮不了你，本来就是苍茫天地里的独行。无论学习还是写作，输入输出，从来都是寂寞的事。我听过一句刻薄的话叫作"除了自己之外，都是外人"。不知道说的是不是这回事。

附录二

人物近况——第一个十年计划完成时

我大概还能记得十年前，2002年7月30日。夏日雨后，我写下了一个文档《一生的计划》。

我大学刚毕业第一年，住在北京西城，每天上班乘坐地铁环线再换乘一线。那时我剪短发，脸颊和全身还有婴儿肥。我对人世有好多不懂，对未来充满迷茫，但也有无数幻想和愿望，大概有点儿王小波所说的"在我一生的黄金年代，我有好多奢望。我想爱，想吃，还想在一瞬间变成天上半明半暗的云"的那个意思。

年轻最大的好处，就是不怕，相信所有电视里、书里的奇迹，觉得哪儿都可以去，怎么样都可以过。只要愿意，自己可以变身，成为任何人。那时候我每天琢磨的，就是我怎么变身，我要成为谁。

表达少年的愿望有很多手段，可以想一想，说一说，我选择了写一写。对我来说，写一写踏实。就这样，二十三岁的我写下了自己人生中一个最重要的纲领性文献《一生的计划》。一生又太长看不到头儿，我就先写了未来十年。因为许多愿望当时看起来太宏大、太遥远，所以索性把期限留得长些。比如在计划里的"毕生愿望栏"（Things To Do Before I Die）我写下"出版一本书"，我想那估计是到暮年才能完成的事——当时绝对没敢写"畅销书"仨字。

后来的十年真的非常非常漫长，其中几番说"恍如隔世"也不过分。住址电脑都换过，这份Word文档始终妥帖地存好。有时候整整一年都好像没有期待中的变化发生，我打开那计划翻看时就有点悲伤和自我怀疑，愿望显得格外刺眼和可笑。有时候一件事情一个方向会无心插柳，不经意被打开另外一扇门，我就打开计划对照修改，有时候会产生新的想法和愿望。随着时间流逝，这样想象之外的惊喜会一个一个发生。后来我意识到，这些惊喜才是生活里最精彩动人的东西。

写下愿望只是给自己在远处摆上一个灯塔，而愿望里最真正发生作用的部分是这样的："为了以上的计划实现，从明天起，我要做到的是：××××"这××××囊括和列举了我期待自己在教育、娱乐、职业和外貌上的每一天每一点的小坚持和小进步。这一部分，持续作用了十年，才真真切切改变了我和我的生活。

计划究竟有多神奇呢？现在计划中我写下的"2012年结束前，有一个健康可爱的孩子"也要实现了。

《一生的计划》问答

我不知道我的目标是什么，怎么办啊？

这个确实很难办。人成为人的第一个功课就是要了解你自己。想要明确自己的目标，需要先做两件事，第一件是尽量多了解这个世界，看别人在怎么活，有多少种活法，这世界在怎么运转；第二件事是了解你自己，你可以通过各种人格星盘颜色职业形象测试来加深了解，通过过去你喜欢的不喜欢的搞定搞不定的来筛查你适合的东西。然后把这一切写！下！来！理论上目标会随着你研究的逐步深入显现出来。你的哲学思辨启蒙得越好，你的目标就会越早越清晰。当然，如果你的哲学思辨启蒙得不好，也不是你的问题，咱们的学校基本就没教这个。

被计划了的生活多枯燥啊，还有什么意思？

没有方向，就无法到达。你说这一天天的，如果你没个目标，你到底是为了什么是要去哪啊？为什么帝国主义和社会主义国家都要搞十年计划五年计划？为什么宗教里最后也分上天堂下地狱？你觉得每天吃什么穿什么去哪旅游这些细碎短小的不是计划吗？多数人质疑宏大计划的枯燥，是被这计划吓的，是对自己执行力和意志力的怀疑。

其实，这计划分散到每天，只是确保有效时间的有效正向利用而已，谈不上枯燥和痛苦。我这个计划，也大概只规定了一天最有效的核心几个小时不浪费，其他时间我都吃喝玩乐或者歇着。但是，当我知道我的目标在哪，当我知道我这一天的有效时间都用好了，我就能心安理得地吃喝玩乐或者歇着，我不空虚迷惘。

计划赶不上变化，人生根本是无法计划的。

每一次看到重大灾难的新闻，我想到我的计划都不得不颓一下。一个声音在我内心说："还做什么计划，说没就没，人类好渺小，哪里决定得了自己的命运啊！"这时另一个声音在我内心说："就算明天就是最后一天了，我今天之前得够本儿啊，得没遗憾，能让我够本儿没遗憾的最好方法，就是最大化我的生命深度和质量，那还是得靠愿望的争取啊，愿望的争取还得靠一步一步来啊。一步一步捋顺了，还就是计划啊！"计划这个词不是隐忍，而是强有力的执行和控制，不但不是一种自我的约束，反而是自我的扩张。如果一提到计划就想到约束苦逼没自由，那就太狭隘啦。

你写下来的计划真能做到吗？

哈哈，不都能。我要是凭天性就能生长得一是一二是二的，还要计划做什么呢？计划是写给自己看的，如果长期做不到，让自己失望和愤怒的也只是自己而已。我想让自己喜欢自己钦佩自己，就会尽量做。一天天持续下来，即使没有都做到，成果也是显而易见的。

这计划最大的好处，就是让我最初的愿望常新，不会被暂时的阻力和日复一日的琐事磨灭。成年以后，最珍贵的东西是我们的天性，那些终于实现了的美好愿望，归根结底都是我们的天性在闪光啊。

主人公近况

2011年春天开始琢磨写第二本书，然而整年业务繁忙，书写得断断续续；其实业务繁忙根本不是原因，如果一个人真想做一件事，缺乏时间是阻止不了她的。

书写得磨磨唧唧的根本原因是：当我发现，如果我试图把第二本书写成《趁早》的续集时，我的主人公们却不再拥有那么多曲折纠结的故事了。的确，大家都曾经跌倒爬起，有笑有泪，但时间流逝，每个人都继续在探寻中成长。成长的一个重要标志就是：渐渐知道自己往何处去会开心，变得有足够的辨别力去面对人和事并当机立断，权衡的时间成本变短，不会再在同一个地方跌倒第二次。于是等待的，继续等待却没有凄惶，决断的，终于决断不再感伤，尘埃落定的，也就落定了。

《趁早》是纯粹有感而发，我不是一个职业作者，如果是为写书而写书，等于是逼自己做不情愿的事，违背对生活的期许。后来仔细想，就算吭哧吭哧去写主人公的续集，能呈现的也不再是有趣的过程，只是这样那样阶段性的结果。说白了就是，没的写啊。因此，2011年年底某天我对着电脑呆看了一会儿后，索性啪地关了Word文档，决定好好过舒心日子，不再写糟心故事了。至于第二本书，目前计划在2013年年初出版，会有延续的故事出现，但将不是第一本书严格意义上的续集。

我在微博上遇到了一个人，她的地点标注在意大利，微博里PO了几张极其漂亮的混血婴儿照片。当我正以为她是浩瀚互联网里的陌生人时，她说："我是你书里的也迪。"我非常吃惊！或者说惊喜！也迪是我书中"变心需要理由吗？"那章的主人公。那一章是个悲伤的结尾。她真的很低沉，以至于书出版之后，她消失了。

也迪的重新出现让我意识到，《趁早》只记录了2009年10月之前我和我朋友们的故事。那之后到现在，竟然三年时间已经过去了！三年中，不仅仅是也迪，几乎所有主人公都不同程度地改写了自己的生活。我也想到，我是不是应该告诉每一个读过这本书的人，当初我们所推崇的"当头棒喝、冷静分析、无情追问、肆意嘲笑"的思考方式，到底起了多大作用？这些作用是不是真是正向的？真实生活比故事更精彩，真实生活是我和我所笃信的生活理念最好的印证！

以下，我要交代下《趁早》每一章节主人公在图书出版后的三年近况，由于涉及他人生活隐私，我尽量做到客观陈述，精简不八卦。

我要再次申明的一点价值观是——世俗成功从来都不是衡量一个人内心幸福的标尺；是否结婚生子也绝对不是这个标尺。幸福感的值大概应该等于每个人的所得除以对自己生命的诉求。最有用的还是那句陈词滥调："要知道自己要的是什么。"

主人公：我

书出版两个月后，我和叶先生结了婚，一直生活在北京。叶先生朝九晚五地上下班，我继续经营我的公司Motionpost。三年中，公司业务稳中有进。2012年12月，生下女儿问问。

"有没有真命天子这回事儿?"主人公：米秀

米秀在故事的结尾开始与一名在华读书的美国男生交往，目前继续单身，现在新东方任职托福VIP教师。三年中，米秀在其他城市生活的父母一直劝她回到他们身边，未遂。

"变心需要理由吗?"主人公：也迪

遭遇人生低谷后远走意大利。在意大利遭遇真爱，现为全职太太，2012年夏生下混血儿子。

"钱是千足金"主人公：小曼

小曼于2010年获得"中国播音主持金话筒奖"，于2011年4月辞去北京人民广播电台职务，赴美国继续深造。现已取得GMAT成绩，准备MBA开学事宜，单身。

"大家都爱成功人士"主人公：L哥

L哥在2011年继续成为我的客户，愈发成功，得两子。伦敦奥运会期间在英国乡间与查尔斯王子打马球。

"不想转正的小三，不是好小三"主人公：珠珠

2010年结婚，2012年生子。

"嫁人只在一瞬间"主人公：塔塔

在2010年《趁早》新书发布会前夕生子，后告别自由撰稿人生活，任职某男装品牌公司公关总监。据悉2012年年底前事业有大动作。拭目以待。

"我们经历过的各种崩溃"主人公：何大人

一直在升职，现任某五星级酒店部门总监，与现任男友感情甚笃。

"弱国无外交，女人当自强"主人公：艳姐

生意迅速扩张，计划公司五年内创业板上市。2011年结识现任老公，于2012年6月生子，怀孕期间开幕两家新店。

"你的心有多大？"主人公：Heidi

2012年夏天，我与Heidi重逢。这是她第一次知道我把她写进了书里。Heidi归国后在某奢侈品牌任职，后在上海创立Yarose舞蹈中心，目前上海有两家中心，今年计划在北京开设第三家。目前单身。

"站在人生的'米'字路口上"主人公：婷婷

继续做职业画家。2010年与中学同学结婚。近期有新画展开幕。

"谁的肉身没有硬伤？"主人公：大红

2011年结婚，与老公共同经营广告公司，持续美丽，目前怀孕，预产期比我晚一个月。

"只有经过验证的才是真神!"主人公：马啦

2011年创立LC风格网，www. linkchic. com，2012年7月该网站获得"创新中国DemoChina"总决赛时尚专场前三强。目前单身。

"永远太远, 只争朝夕"主人公：张弘凯

于2010年4月11日在江苏卫视《非诚勿扰》中与马诺成功牵手，后无下文。继续专注做时尚摄影师，与女友感情稳定。

2010 年后记

2009年10月16日晚8时，我写完了《女人明白要趁早》的最后一个故事。看到Word文档左下角显示出105,688字，我顿觉欣慰无比，徐徐吐出一口真气。

十万字对于文学的汪洋大海来说很少，对于我来说却很多，超越了我前半生写过的所有课堂课后考试作文，以及给客户写过的文案和Proposal的文字总和。从今年春天心念一动，到夏天谈妥出版社，开始在每天繁忙事务之外再抽出三小时写作，到如今总算见到果实成熟了。这件事情再一次告诉了我，积跬步至千里，每天完成一点点，是可以实现一个愿望的。

书中所有故事与人物都保证真实，不只我、塔塔和小曼，所有出现过的主人公都是活生生的姑娘，跌倒爬起，有笑有泪。再次回味，更能总结出教训来，是教训就受用，就该吸取。现在回过头看这二十四个故事，我必须说：谢天谢地，好歹都过去了。

感谢我的爸妈，感谢他们在我成长中的几个关键点上，使用了非常英明的教育方法。比如说从小就给我积极的心理暗示，比如说在十七岁的时候勒令我减肥，比如说在我二十一岁以后就放手让我过我自己的人生。

感谢我的缪斯——"灭绝组"的主要成员塔塔，感谢她在写作全程都不遗余力地给予我灵感与鼓励。

感谢书中提到的各位姑娘，坚强而坦荡，允许我把她们血淋淋的人生素材写进书里，普度众姐妹。

感谢Motionpost团队，感谢三年来大家与我并肩作战，那些为理想流下的汗水，正在开出美丽的花朵。

感谢叶先生，谢谢他给了我这本书一个完美结局。

现在是2009年10月26日，我在北京乐成豪丽公寓写下本书的后记，此时此刻小曼正在山东直播全运会，塔塔距离预产期还有六十天。相信当读者看到这些文字的时候，塔塔已经升级当了妈妈，小曼正在如火如荼地实践她的第二个事业五年计划，而我已同本书第八个故事中的"2"先生注册结婚，正在筹备2010年春天的婚礼了。

三周年后记

这本书出版之后，又过了三年。

这三年和第一版《女人明白要趁早》成书之前的日子比较起来，过得密集却恬静，于是我再也没能写出2008年《写在三十岁到来这一天》里那样语气冰冷又决绝的句子。就像一个人初入肃杀之地，恨不得每一次出门都披上大衣抵御寒冷。但他只是见识了冷，认清了冷，又横下一条心面对了冷，却还没进化出厚重的皮下脂肪。当他真正适应和安顿下来，从中体验出经验和妙处，再让他来描述冷，他也许不只会说冷的程度和冷的危害，还能微笑着道出那坚冰的形状，以及那雪花如何飘落。对他来说，冷已经不是冷，冷只是常温了。

我的读者总是盼望我补充更新内涵又犀利的文字，毕竟三年中应该会有新的体验。

　　然而经验教训的获得并不与时间成正比，而是与困难的数量成正比，痛苦往往是一个机会，让人不得不悄悄升华。三十岁之后，也许是之前的播种终于开始有了收成，我生活中的各扇门纷纷向我开启，许多愿望渐渐达成，于是笑了又笑，忙于喜悦地收割。中途至多暗暗印证曾经的沉淀，却很少累积下新的教训，那些逆境的真知。

　　播种有时，收获有时。这个收获的季节我已经等了很久。那些少年时候种下的理想的种子，有的死去，有的发芽。这其中当然有土壤或者环境的机缘，而现在回望，死去是因为我的放弃，发芽是因为我的浇灌。而最终开出花来的，必须依靠那持续的关注、养育和祈愿，以及挨过漫长的等待。

　　如同十年一剑，为了明日能继续像今日般快乐，今日就要做下功课。如果说这三年中我又有了新的体会，那就是原来我侥幸的都没有逃过，我幻想的奇迹都没有发生，能够得到与体会的究竟如何全在于自己埋下的伏笔，无法怨天尤人，只有扪心自问。

　　没有无缘无故的收成。流泪撒种的，必欢呼收割。

读者推荐

名人推荐：

人生只有"变"字不会变。女人的幸福能否从变化里追求到，可能没有一定的答案。但是有一点：当变化来临时，会调整心态接受，这是一个女人让自己过得好的条件。就像这本书的主角王潇小姐，她敢于追求变化而获得人生体悟，写成书想与别人分享，女人要明白什么，也许就在其中了。

——台湾第一畅销书女作家　吴淡如

北京姑娘大方，特愿意拿自己被打掉的牙嘬着血分享人生的种种经验。王潇洒小姐就是一个。

她和她的"灭绝组"，生动活泼地实例讲述美貌如花年轻如她是如何在职场和情场的洪流中挣扎吧，该怎样聪明地防暗箭，防不过便任它射个窟窿赶紧拔下来接着工作生活谈恋爱——三十岁，一切尚在开始，乐观，勤奋，励志，正面——这些都是积德的好姑娘。

好读实用的书，裹挟着血汗笑泪，轻松愉快的两场（职场、情场）指南，快把好心态、好日子迎头赶上。

——著名作家　赵赵

三十以前，王潇势必是属于少数那种特招人艳羡（或一说为"恨"）的：天生丽质，天资聪颖，想暴殄天物都难。

三十以后，如王潇所说，容貌与岁月成反比，我们这些属于大多数的相貌平平的有福了，终于大家挤进了相近的起跑线上重新来过，俗称"相由心生"，其实，生活的质量和感受幸福的能力也由心而生。

或许，就算你起步不够漂亮，但你也有机会为自己定制出美丽，你可能不见得生就聪明，但谁也不能阻止你增长智慧。是的，"明白"在这时候起了很大作用。

天蝎座A型血的王潇也注定不会安于平凡，她用她的经历感悟和大家分享，这不是一本关于"术"的书，而更像一个闺蜜的耳语。

当你为她文中的或率真或精彩而会心一笑时，这本书的目的也就达到了：

女人需要更多闺蜜，男人需要知道闺蜜间的对白。

——资深唱片企划、作家、主持人　秋微

看完后特想申请加入"灭绝组"！有一帮姐妹真诚地、幽默地、贴心地、不着边际地疏解着心中的大事小情……

如果实在不行，那就看看这书吧，总会让你笑出声来，然后自嘲一下，继续前进！

女人能潇洒成这样，不太容易，希望这不是一个传说……

——超级名模、著名主持人　李艾

王潇的书很好看，有很强的可读性。在这个"读图"时代，如果面前的文字索然无味，谁还会跟你磨叽?

其次，它包容性强。书当然是出自白领之手，写的生活、情感、心得，都是从都市时尚女性一族的角度出发，但却没有酸文假醋多愁善感等小资通病，反而不时掠过江湖豪气职场风云，令人醍畅淋漓。

本书的诙谐尤为难得。大概女子是水做的缘故，偏爱让人潸然泪下的文字，但这本书你想不笑都难。

最后，本书让你一见倾心的原因在于——真诚！

对于走过职场无数个春秋的我来说，这份真诚和坦率令人感动，也令人不由自主地回忆初涉职场的天真、朴素与诚惶诚恐。工作原本就该如此。

希望你喜欢王潇的书。我看到了坚强、自信、洒脱而不甘寂寞的作者以及她的女友们向我走来。我为她们振臂，因为"They do know what they want before it gets too late"！

人活得明白最重要。

让我们共勉。

——IBM大中华区品牌与传播部副总裁　周忆

女人三十如临大敌，对垒的不是别人恰是女人自己。只不过人生三分之一弱，倘或此时还未婚配便觉得人生三分之二已然虚度颓然一败涂地。白马王子远得要命，黑马王子更喜欢年轻的刺激，三十岁的单身女人陡然陷入了夹缝之中尴尬如裸体。

怎样从夹缝中展蕊怒放成为一朵独立盎然的馥郁玫瑰，怎样让青春留驻同时又绽放着成熟的甜美？王潇这个美女CEO现身说法，用她的"灭绝组"的集体智慧和经验告诉你：趁早。

——中国单身女性网CEO、心理咨询师、专栏作家、

性与性别研究所研究员　陶思璇

王潇，一位美丽而充满智慧的女性，为了多姿多彩的人生，为了更理想的人生，而不断尝试着突破自己。她放弃了已得到的光鲜亮丽，重新踏上了创业之路，体味着，付出着，收获着……最终，再一次勇敢地打开了成功之门。

一个美女CEO，"漂亮"、"智慧"、"成功"、"勇敢"。这么多美妙的形容词，都为她一人所占有。她的存在向世人证明了"美女无脑"完全是偏见。在她书中每一个真诚的故事里，我们都能看到这样一位女性所创造的一个个感动、所得到的一个个收获，它们无不让我们为之动容。我看到了美丽知性、远见卓识、不等不靠、积极勤奋……

这本书我相信将给那些有准备的满怀希望的年轻女性以启示——女人，明白要趁早。

——歌华有线（600037）总经理助理　王奇之

豆瓣读者评论:

这个世界上,任何东西都是越分享越少,只除了爱和智慧。《趁早》就是这样一本分享爱和智慧的读本,让那些在我们身上已经发生的、正在发生的以及尚未发生的事情,都有了一个跳出自己的思维圈子去分析的角度和空间。

——言君

《趁早》,无非是告诉我们,身为女子,无论此刻你十八、二十八还是三十八,请不要放弃自己勇敢生活、独立生活的权利。不要把自己的生活全部交给另外一个人。

——大云

潇洒姐的文笔幽默但又铿锵有力,有很多我困惑的东西都从书中找到了答案。最喜欢潇洒姐那种真实不矫情的写作,必是经历过了很多事情,才能写出这些吧!

——Rubia

《趁早》特真诚,真诚到每一个故事都是现实存在的、原汁原味的、活生生的。它很不简单,不是单说爱情,里边还有事业、有生活,甚至京城美妞特有的口直心快、幽默风趣,包袱多看着带劲儿。

——trace

亚马逊读者评论：

看了此书让我想起自己的梦想……接下来，不是书看完，就忘光光，我要付出实践。

——枫

这本书给我的命运带来了转折。2010年年底，我二十八周岁，因为梦想，我迈出了人生重要的一步。潇洒姐的语录，值得每个年轻女孩收藏！

——lu诗晴

初次看到潇洒姐的大作，是同事推荐的潇洒姐博客的提纲，当时这本书还在酝酿中，后来看到了潇洒姐给这些迷糊的女人们指明了一条道路，女人明白要趁早，就买来认真读了，读完之后的感觉就像潇洒姐在书里面写的看到人家那个女孩去国外进修奢侈品时自己的感觉。醍醐灌顶。人生就要拼搏努力滚雪球，要不然怎么能叫潇洒的人生呢？

——我的一亩三分地

我是在无意中拨拉电视，看到天津台对她的专访后买的书，沉静的女主持人明显不是本书女作者的对手，她应该先读好这本书之后再和王潇过招，哈哈！书很好看，充满了幽默、诙谐、活泼和新鲜，是我看过最好的闺蜜和励志小手册。

——Fiona

Note | 笔记页

NOTE

恋爱是为了让我们成为更好的自己，
否则何必呢。

NOTE

我们都有硬伤，但瑕不掩瑜。
去改变，但不必偏执。

NOTE

腰围是黄金分割和女性体态婀娜的关键，
要拼死保持。

NOTE

_____

_____

_____

_____

_____

_____

_____

_____

_____

不是每一场谈判都能握手言欢。

NOTE

_____

_____

_____

_____

_____

_____

_____

_____

_____

根本就没人给你能飞起来的机会，
"脚踏实地"不是个态度，而是你仅有的选择。

NOTE

理想总要用现实一寸寸地走出来，
暂时没实现的理想，只有到临终前，才有资格说它破灭了。

NOTE

_____

_____

_____

_____

_____

_____

_____

_____

_____

_____

灵魂与肉体，
至少要有一个在路上。

NOTE

该离开的时候要利索点儿离开。

勇于承担恋爱的沉没成本，是展开新生活的前提。

王潇

天蝎座，A型血，生于北京

2001年 毕业于中国传媒大学播音系，在CCTV-1《整点新闻》播音
2002–2004年 就职于安可顾问公司战略传播部
2007年 获中国人民大学艺术设计系新媒体硕士学位
2008年至今 创业者，"趁早"创始人
2014–2015年 任《时尚COSMO》杂志主编

作家，已出版著作：
《女人明白要趁早》
《三观易碎》
《和潇姐塑身100天》
《米字路口问答》
《按自己的意愿过一生》
《时间看得见》

趁早

产品经理｜何　娜　　书籍设计｜谈　天
责任印制｜刘　淼　　技术编辑｜白咏明
出　品　人｜吴　畏

图书在版编目（CIP）数据

趁早 / 王潇著. -- 上海：上海文艺出版社, 2019
ISBN 978-7-5321-7018-0

Ⅰ.①趁… Ⅱ.①王… Ⅲ.①散文集 – 中国 – 当代
Ⅳ.①I267

中国版本图书馆CIP数据核字(2019)第043565号

出 版 人：陈　征
责任编辑：陈　蕾
特约编辑：何　娜
装帧设计：谈　天

书　　名：趁早
作　　者：王潇
出　　版：上海世纪出版集团　上海文艺出版社
地　　址：上海市绍兴路 7 号　200020
发　　行：果麦文化传媒股份有限公司
印　　刷：河北鹏润印刷有限公司
开　　本：660mm×960mm　1/16
印　　张：14.75
插　　页：4
字　　数：190 千字
印　　次：2019 年 4 月第 1 版 2019 年 4 月第 1 次印刷
印　　数：1–50,000
ＩＳＢＮ：978-7-5321-7018-0／Ⅰ·5611
定　　价：49.00 元

如发现印装质量问题，影响阅读，请联系 021—64386496 调换。